ABHANDLUNGEN
DER AKADEMIE DER WISSENSCHAFTEN DER DDR

Abteilung Veröffentlichungen der Wissenschaftlichen Räte
Jahrgang 1989 · Nr. W 1

1. Tagung des Rates für marxistisch-leninistische
Wissenschaftsforschung an der Akademie der
Wissenschaften der DDR
am 10. 3. 1988

Wissenschaftsforschung in der DDR
Stand, Positionen, Aufgaben

AKADEMIE-VERLAG BERLIN 1989

Herausgegeben im Auftrag des Präsidenten
der Akademie der Wissenschaften der DDR
von Vizepräsident Prof. Dr. Heinz Stiller

Verantwortlich für dieses Heft:
Akademiemitglied Prof. Dr. sc. phil. Günter Kröber
Vorsitzender des Rates für marxistisch-leninistische Wissenschaftsforschung
an der Akademie der Wissenschaften der DDR

ISBN 3-05-000891-1
ISSN 0138-421X

Redaktionsschluß: 3. 5. 1988
Erschienen im Akademie-Verlag Berlin, Leipziger Str. 3–4, DDR - 1086 Berlin

Lizenznummer: 202 · 100/371/89
Printed in the German Democratic Republic
Gesamtherstellung: VEB Druckerei „Gottfried Wilhelm Leibniz", DDR - 4450 Gräfenhainichen
LSV 0105
Bestellnummer: 755 063 2 (2001/89/1/W)

00400

Inhaltsverzeichnis

W. Kalweit

Eröffnungsansprache auf der 1. Tagung des Rates für marxistisch-leninistische Wissenschaftsforschung

Verehrte Kolleginnen und Kollegen, liebe Genossen und Gäste!

Heute sind wir zusammengekommen, um den Rat für marxistisch-leninistische Wissenschaftsforschung an der Akademie der Wissenschaften der DDR zu gründen. Mit Fug und Recht kann man sagen, daß alle, die sich hier versammelt haben, der Wissenschaftsentwicklung in unserem Lande in ganz spezifischer Weise verpflichtet sind und Verantwortung tragen.

Mit ganz besonderer Freude begrüßen wir den Leiter der Abteilung Wissenschaften des Zentralkomitees der SED, Genossen Prof. Hannes Hörnig. Ebenso herzlich begrüßen wir das Mitglied des Zentralkomitees und 1. Sekretär der Kreisleitung der SED der Akademie, Genossen Prof. Horst Klemm.

Die Idee, landesweit ein Gremium zur Beratung von Fragen der Wissenschaftsforschung zu schaffen, bewegt uns bereits seit längerem. Dafür gibt es vor allem zwei Ursachen:

Erstens ist es die dynamische Rolle der Wissenschaft in unserer sozialistischen Gesellschaft selbst, aber auch im Kampf zwischen Sozialismus und Imperialismus, die uns zur systematischen Beschäftigung mit ihrer Effektivität drängt. Wissenschaft zum Wohle der Menschheit zu betreiben, ist zu einer Garantiebedingung ihrer Zukunft geworden.

Zweitens werden auf der Grundlage des Parteiprogramms und der Beschlüsse des Zentralkomitees der SED an einer Reihe von Einrichtungen der Universitäten und Hochschulen, Akademien und Ministerien Probleme der Wissenschaft und ihrer Entwicklung, ihrer Leitung, Planung und Kontrolle durch die Partei und den Staat und auch ihrer Geschichte disziplinär und interdisziplinär erforscht und praxiswirksam gelöst. Der Zentrale Forschungsplan der marxistisch-leninistischen Gesellschaftswissenschaften enthält mit gegenstandsbezogenen Hauptforschungsrichtungen und Themen, mit interdisziplinären Forschungsprogrammen und Arbeitsrichtungen sowie mit den Aufgaben für die disziplinäre Entwicklung Schwerpunkte und langfristige inhaltliche Orientierungen für die Forschung und Lehre über die Wissenschaft. Es ist ein Stand erreicht, bei dem für weiteres Vorankommen Koordinierung und gezielte Förderung des geistigen Lebens im gesamtgesellschaftlichen Maßstab gefragt sind.

Die wachsende Bedeutung der Wissenschaft im Leben unserer Gesellschaft, ihre Entwicklung zur unmittelbaren Produktivkraft, die daraus resultierende Ausbreitung der Anwendungs- und Wirkungsfelder sowie die notwendige Forderung nach höherer Dynamik und Effektivität führten dazu, daß die Wissenschaft selbst zum Gegenstand systematischer Forschungen wurde.

Als Erfordernis war dies bereits in den zwanziger Jahren erkannt und in der Sowjetunion sowie in Polen wiederholt programmatisch artikuliert worden. Zumindest in unserem Kreis ist bekannt, daß der irische Gelehrte John Desmond Bernal 1939 mit zu den ersten gehörte, die sich der Verwirklichung eines Programms der Wissenschaftsforschung näherten. Zu Beginn der sechziger Jahre – dieses Wissenschaftsgebiet begann sich in den sozialistischen Ländern gerade zu institutionalisieren, und in einigen westlichen Ländern verstärkten sich die Bestrebungen einzelner Wissenschaftler und Wissenschaftlergruppen in dieser Forschungsrichtung – schrieb Bernal mit Blick auf die Effektivität der Forschung in Natur- und Gesellschaftswissenschaften: „Wir brauchen eine Strategie der Forschung, die auf einer Wissenschaft von der Wissenschaft beruhen muß." Die Wissenschaft von der Wissenschaft bzw. die Tatsache, daß die Wissenschaft sich ihrer selbst bewußt wurde, bezeichnete Bernal als den wahrhaft sensationellen Fortschritt der zweiten Hälfte unseres Jahrhunderts. Er erkannte, daß diese Wissenschaft von der Wissenschaft sehr umfassend sein muß. Sie muß sowohl die gesellschaftlichen und ökonomischen als auch die materiellen und technischen Bedingungen für den wissenschaftlichen Fortschritt und für den richtigen Einsatz seines Instrumentariums zum Inhalt haben.[1]

Persönlich teile ich die zurückhaltende Ansicht derer, die es noch für zu früh halten, um beurteilen zu können, ob die Wissenschaftsforschung „der wahrhaft sensationelle Fortschritt" in der Gegenwart sein wird. Aber die strategisch bedeutsamen Komponenten in dieser Argumentation Bernals sollten wir nicht übersehen.

In der DDR hat sich, wie in anderen sozialistischen Ländern in vergleichbarer Weise, die Wissenschaftsforschung einen festen Platz im Wissenschaftsgebäude der marxistisch-leninistischen Gesellschaftswissenschaften erobert. Zunehmend fruchtbar trägt sie dazu bei, daß solche aktuellen und prinzipiellen Fragen wie die intensive Verknüpfung von Wissenschaft und Produktion gelöst werden. Zugleich ist sie stets in der Verantwortung, den Zusammenhang von Wissenschaft und Gesellschaft in der weiträumigen Perspektive des Sozialismus in allen Bereichen des gesellschaftlichen Lebens bewußt zu machen. Und wenn ich von Bewußtmachen spreche, ist darin stets auch die Auseinandersetzung mit dem Imperialismus und der bürgerlichen Ideologie inbegriffen.

Ausgehend vom Beschluß des Sekretariats des ZK der SED über die wissenschaftlichen Räte beschloß das Präsidium der Akademie der Wissenschaften der DDR, an der Akademie einen Rat für marxistisch-leninistische Wissenschaftsforschung zu bilden, der mit dem Ziel der Intensivierung der Wissenschaftsforschung, ihrer inhaltlichen und politisch-ideologischen Leitung sowie der weiteren Erhöhung der gesellschaftlichen Wirksamkeit ihrer Ergebnisse arbeiten soll. Wir hegen den Wunsch, daß dieser als Zentrum des wissenschaftlich-geistigen Lebens des Wissensgebietes wirken wird, Forschungsrichtungen und -komplexe initiiert, koordiniert und auf das Niveau der Ergebnisse und ihre Überführung in die gesellschaftliche Praxis Einfluß nimmt. Gerade von einem solchen Rat ist zu erwarten, daß er wissenschaftlichen Meinungsstreit und die sozialistische Gemeinschaftsarbeit fördert.

Damit wird an die positiven Erfahrungen der Arbeit der wissenschaftlichen Räte der DDR für die gesellschaftswissenschaftliche Forschung angeknüpft und entsprechend den künftigen Erfordernissen ein planmäßig und zielstrebig arbeitendes Organ der kollektiven Meinungsbildung, des Erfahrungsaustausches und der Entwicklung der Kooperations- und Kommunikationsbeziehungen auf dem Gebiet der Wissenschaftsforschung geschaffen.

Die Bildung des Rates für Wissenschaftsforschung reiht sich ein in die vielschichtigen Maßnahmen zur Entwicklung der Voraussetzungen und Bedingungen, damit die Wissenschaftler dieses Wissensgebietes in ihren Einrichtungen mit hoher Eigenverantwortung effektiv an den ihnen übertragenen Aufgaben arbeiten können.

Bekanntlich hat Genosse Erich Honecker erst kürzlich die in Angriff genommenen Veränderungen herausgehoben, die die gesamte wissenschaftliche Arbeit, die Forschung und die höhere Bildung umfassen. Diese Veränderungen richten sich auf die komplexe Umsetzung der Beschlüsse des XI. Parteitages und des Politbüros des ZK der SED zur weiteren Vervollkommnung der Aus- und Weiterbildung der Hoch- und Fachschulkader, zur Entwicklung der theoretischen Arbeit und der Grundlagenforschung, zur Entwicklung und Anwendung der Schlüsseltechnologien sowie zur Gestaltung produktiver Beziehungen zwischen Wissenschaft und Praxis, insbesondere mit den Kombinaten.

Im Namen des Präsidiums unserer Akademie möchte ich die Erwartung aussprechen, daß die interdisziplinär angelegte Wissenschaftsforschung in diesem Prozeß eine aktive Rolle spielen wird.

Die Herausarbeitung weitgesteckter Entwicklungsrichtungen der Grundlagenforschung, die für die künftige Entwicklung unserer Republik von Bedeutung sind, und für die unserer Akademie eine erhöhte Verantwortung zukommt, erfordert u. a. auch die theoretisch fundierten, analytisch aufbereiteten, parteilichen, kritischen und vorwärtsdrängenden Erfahrungen und Erkenntnisse der Wissenschaftsforschung. Dabei gilt es, auch die problemreichen Seiten der Wissenschaft im gesellschaftlichen Leben unseres Landes und im internationalen Zusammenhang zu untersuchen und darzustellen. Dringender denn je benötigen wir Antworten des Sozialismus auf die Fragen, welche die Menschheit gegenwärtig bewegen, brauchen wir ein überzeugendes Eingreifen in die Kämpfe unserer Zeit. Ratschläge für das Denken und Handeln der Wissenschaftler in der Arbeit und im Leben gehören dazu ebenso wie der ehrliche und uneigennützige Rat für politische Entscheidungsträger.

In diesem Sinne bitte ich Sie, die Arbeit dieses wissenschaftlichen Gremiums mit zu tragen und zu fördern, um jenes schöpferische Klima zu erreichen, aus dem Ergebnisse von gesellschaftlichem Rang erwachsen.

Ich bitte nun den Leiter der Abteilung Wissenschaften des ZK der SED, Gen. Prof. Hannes Hörnig, das Wort zu nehmen.

Anmerkung

1 J. D. Bernal, Die soziale Funktion der Wissenschaft, Berlin 1986, S. 8.

H. Hörnig

Hoher Anspruch an die Qualität und die Wirksamkeit der marxistisch-leninistischen Wissenschaftsforschung in der DDR

Die Gründung des Rates für marxistisch-leninistische Wissenschaftsforschung an der Akademie der Wissenschaften der DDR, mit der nunmehr eine wichtige Maßnahme des Zentralen Forschungsplanes durchgeführt wird, ist ein bedeutendes Ereignis in der Entwicklung dieses relativ jungen Wissensgebietes.

Ich möchte dieses Ereignis nutzen, um zu einigen aktuellen Fragen der Wissenschaftspolitik der SED Gedanken zu äußern, in denen Erwartungen und Aufgaben an die Arbeit dieses zu bildenden Rates gestellt werden sollen.

Zur Wissenschaftspolitik der SED

Die SED betrachtet die Wissenschaft und ihre ständige Förderung als Teil und grundlegende Aufgabe sozialistischer Politik. In unserer Gesellschaft wird die Wissenschaft, werden Forschung und Bildung in vormals nicht gekanntem Ausmaß Bedingung für die gesellschaftliche Entwicklung. Ständige Förderung ist angesichts dieser Bedingung allerdings zugleich stets auch ständige Forderung.

Durch die Leistungen der Wissenschaftler, Ingenieure und Techniker, der Kultur- und Geistesschaffenden werden die Möglichkeiten der Wissenschaft zur weiteren Gestaltung der sozialistischen Gesellschaft in der DDR immer besser erschlossen. Dazu heißt es im Parteiprogramm:

„Die Politik der Sozialistischen Einheitspartei Deutschlands ist deshalb darauf gerichtet, die Wissenschaft planmäßig und langfristig zu entwickeln, damit ihr fortschrittsfördernder und humanistischer Charakter voll zur Wirkung gelangen kann."[1]

Mit den Beschlüssen und Dokumenten der SED, besonders mit dem Programm unserer Partei, besitzen wir die strategische Orientierung der gesellschaftlichen Entwicklung der DDR über die Jahrhundertgrenze hinaus. So, wie mit der Hauptaufgabe die großen Ziele auf ökonomischem und sozialem Gebiet formuliert wurden, wie die materiellen Voraussetzungen abgesteckt sind, auf deren Grundlage diese Ziele erreicht werden, so sind die Anforderungen an die Wissenschaft klar umrissen.

Mit dem Plan Wissenschaft und Technik, dem Plan der naturwissenschaftlichen und technischen Grundlagenforschung, dem Zentralen Plan der Gesellschaftswissenschaften und umfassenden Beschlüssen zur Entwicklung der Schlüsseltechnologien sind Weichen für die weitere Wissenschaftsentwicklung gestellt, ist unser Wissenschaftspotential auf langfristig konzeptionelle und zugleich praxisrelevante Wirkung orientiert.

Die Entwicklung des schöpferischen Zusammenwirkens der Wissenschaft mit der Produktion und der Produktion mit der Wissenschaft ist dabei eine zentrale Aufgabe. Genosse Erich Honecker hat in seiner Rede vor den 1. Sekretären der Kreisleitungen auf die Bedeutung dieses Zusammenwirkens zum gegenseitigen Nutzen hingewiesen. Da das qualitative Niveau noch nicht überall unseren Möglichkeiten und den objektiven Erfordernissen entspricht, messen wir den Beziehungen zwischen Wissenschaft und Produktion weiterhin weitreichende Bedeutung bei.

Für die Anwendung und Nutzung der Erkenntnisse der Naturwissenschaften, technischen Wissenschaften und Gesellschaftswissenschaften in der Praxis tragen wissenschaftliche Institutionen und die Wissenschaftler selbst eine große Verantwortung, heißt es im selben Zusammenhang. Mitverantwortung tragen in gleichem Maße aber auch die volkseigenen Kombinate und Betriebe. Dazu sagte Erich Honecker am 12. Februar dieses Jahres:

„Große Reserven sehen wir in der gemeinschaftlich und eng aufeinander abgestimmten Herausarbeitung der Strategien für die Beschleunigung des wissenschaftlich-technischen Fortschritts durch die Kombinate und ihre Partner in der Wissenschaft. Nur so kann eine langfristig angelegte Verflechtung von Wissenschaft und Produktion wachsen, die neben der Forschung auch die gemeinsame Verantwortung für die Schaffung des Bildungsvorlaufes und für die materiell-technische Basis der wissenschaftlichen Arbeit einschließt."[2]

Die in diesem Prozeß zu lösenden Aufgaben, das wissen wir, sind sehr komplexer Natur und schließen eine hohe Verantwortung des Wissenschaftlers für das Tempo des wissenschaftlich-technischen Fortschritts, für die Effektivität und Qualität der wissenschaftlichen Arbeit auf allen Wirkungsebenen – in der Forschung und Forschungskooperation, in der Bildung und Erziehung der jungen Generation und der Qualifizierung aller Werktätigen ein. Das betrifft alle wissenschaftlichen Einrichtungen, die Akademien, Universitäten und Hochschulen, die Forschungs- und Entwicklungsabteilungen der Kombinate und Betriebe. Diese Verantwortung kann arbeitsteilig wahrgenommen werden, gesamtgesellschaftlich und wissenschaftspolitisch ist sie unteilbar.

Derartige Verantwortung zu tragen verlangt, über das solide Fundament disziplinären und beruflichen Fachwissens hinaus, ein hohes Maß ökonomischer und gesellschaftswissenschaftlicher Bildung, erfordert Kenntnisse über die allgemeinen Gesetze der Entwicklung der Natur, der Gesellschaft und des Denkens, politische Klugheit, Weitsicht und Parteilichkeit.

Durch die Bestimmung langfristig fixierter Ziele von Wissenschaft und Technik, durch Bereitstellung immer größerer finanzieller und materieller Mittel zu deren Realisierung und durch die mit der Sowjetunion und den anderen sozialistischen Bruderländern abgestimmte wissenschaftliche Entwicklung werden immer bessere Bedingungen für die wissenschaftliche Arbeit geschaffen, die deren Effektivität erheblich beeinflussen.

Marxistisch-leninistische Gesellschaftswissenschaften und die neuen Anforderungen an die Wissenschaftsforschung in der DDR

Die wachsende Rolle der Wissenschaft in der entwickelten sozialistischen Gesellschaft verlangt ein tieferes Eindringen in die objektiven Gesetzmäßigkeiten von Natur und Gesellschaft. Und die immer stärkere wissenschaftliche Durchdringung aller Bereiche des gesellschaftlichen Lebens ist ein Prozeß, an dem alle wissenschaftlichen Disziplinen beteiligt sind.

Der dialektische Zusammenhang von Natur und Gesellschaft findet in der Einheit von Natur- und Gesellschaftswissenschaften seinen Ausdruck. Diese Einheit ist auch eine Voraussetzung für das schnelle und wirksame Umsetzen der neuesten wissenschaftlichen Erkenntnisse in die gesellschaftliche Praxis im Interesse und zum Wohle des werktätigen Volkes.

Die Anwendung neuen Wissens, das ja aus der systematischen wissenschaftlichen Untersuchung von Natur, Technik und Gesellschaft hervorgeht, beeinflußt grundlegend den gesamten gesellschaftlichen Entwicklungsprozeß, den Reproduktionsprozeß, die Lebensweise der Menschen. Inhalt, Bedingungen und Charakter der Arbeit unterliegen großer Veränderung. Das soziale Verhalten der Menschen verändert sich im Arbeitsprozeß, in der Freizeit, bis in die Familien. In allen Lebensbereichen begegnen den Menschen Gegenstände, Verfahren, Verhältnisse, die es ohne die moderne Wissenschaftsentwicklung nicht gäbe.

Die Leistungen der Wissenschaftler unseres Landes wurden auf dem XI. Parteitag hoch gewürdigt. Gleichzeitig wurde aber auch mit den Worten, daß die Wissenschaft in unserem Lande mit der Zeit geht, das große Vertrauen der Partei in die Wissenschaft und ihre Träger bekundet. Dieses Vertrauen wird gerechtfertigt, weil die Wissenschaft einen erheblichen Beitrag zu der generell positiven Entwicklungsbilanz der 80er Jahre leistete.

Das Erfordernis unserer ökonomischen Strategie, die Vorzüge des Sozialismus noch wirksamer mit den Errungenschaften der wissenschaftlich-technischen Revolution, die sich selbst in einer neuen Etappe befindet, zu verbinden, bestätigt um so mehr die Notwendigkeit, die Wissenschaft zügig zu entwickeln und ihre Erkenntnisse, die daraus hervorgegangenen Verfahren durch enge Verbindung mit der Produktion und über die Bildung multivalent zur Anwendung zu bringen. Der prinzipiell neue Wachstumstyp der Wirtschaft, der auf einem fundamentalen Wandel von Technik, Technologie und Produktionsverfahren beruht, kann nun nur noch aus der multivalenten Anwendung wissenschaftlicher Erkenntnisse hervorgehen. Und der wissenschaftliche Schaffensprozeß, die Art und Weise sowie die Methoden der wissenschaftlichen Arbeit, Fragen der Intensivierung in Wissenschaft und Bildung müssen zu diesem fundamentalen Wandel entscheidend beitragen.

Die Größe der jetzt zu lösenden Aufgaben macht es erforderlich, die Fortschritte der Wissenschaft, Technik und Technologie in größeren gesellschaftlichen Zusammenhängen zu erkennen und zu verstehen, um sich bewußt darauf einzurichten und persönlich dafür engagieren zu können. Die gestalteten wie die künftig zu gestaltenden Prozesse verlangen gebieterisch klare politisch-ideologische Positionen – sei es bei der Einschätzung des Niveaus wissenschaftlicher Entdeckungen und technischer Erfindungen, sei es bei der Realisierung wissenschaftlich-technischer Spitzenleistungen in den Formen neuer Produkte oder neuer Technologien. Es gilt immer mehr die Maxime: Die DDR kann nicht mit Mittelmaß leben. Die Zeichen der Zeit sind so gesetzt, daß das, was gestern noch den Fortschritt repräsentierte, noch Spitzenleistung war, vielleicht sogar den Weltstand bestimmte, heute und morgen nur noch zweit- oder drittklassig ist. Deshalb orientieren wir so nachdrücklich auf die Entwicklung der Grundlagenforschung. Revolutionäre Durchbrüche in Wissenschaft und Technik beruhen vor allem auf der Nutzung von Ergebnissen einer langfristig angelegten Grundlagenforschung, die zugleich das Fundament für alle weiterführenden Forschungs- und Entwicklungsarbeiten ist. Die Entwicklung und Durchsetzung der Schlüsseltechnologien belegen diese Erkenntnis sehr anschaulich. Von der Grundlagenforschung werden jetzt in noch stärkerem Maße als früher gesicherte, revolutionierende Impulse für die beschleunigte Entwicklung des wissenschaftlich-technischen Fortschritts erwartet. Revolutionäre Schritte der Entwicklung der Produktivkräfte erfordern heute mehr denn je revolutionierende Forschungsergebnisse und einen weit in die Zukunft gerichteten wissenschaftlichen Vorlauf. Solche Leistungen sind natürlich nicht zu jeder Zeit und auf allen nur denkbaren Gebieten zu erreichen. Leistungen von derartigen Dimensionen erfordern eine enorme Anstrengung des geistigen und des materiellen Potentials unserer Gesellschaft, sowohl um sie auf entscheidenden Gebieten zu erreichen als auch um sie zur vollen Wirkung zu bringen.

Die wissenschaftlich-technische Revolution hat nationale und internationale, politische, ökonomische, soziale und geistig-kulturelle Zusammenhänge, Voraussetzungen und Folgen. Sie vollzieht sich auch im Sozialismus nicht problemlos. Gerade deshalb muß sie auf eine dem Sozialismus gemäße Weise beherrscht werden. Das ist ein großes Thema für alle Wissenschaften, besonders natürlich für die Gesellschaftswissenschaftler aller Disziplinen.

Bereits auf dem VIII. Parteitag erklärte Genosse Erich Honecker, daß bei der Entwicklung des Sozialismus in unserer Republik volle Klarheit über den Platz der Gesellschaftswissenschaften von großer theoretischer und praktischer Bedeutung ist. Wir gestalten unsere Gesellschaftsentwicklung bewußt. Die Innen- und Außenpolitik der Partei beruht auf wissenschaftlichen Grundlagen. Es ist Aufgabe der Gesellschaftswissenschaften, die objektiven Gesetze des Sozialismus und deren

Wirkungsbedingungen gründlich zu analysieren, tiefer zu erkennen, theoretischen Vorlauf zu schaffen, Bewährtes zu verallgemeinern und Veraltetes aufzudecken, damit diese Gesetze durch die Aktivität der Werktätigen immer wirksamer und umfassender realisiert werden.

Die Gesellschaftswissenschaften unserer Republik werden durch das langjährig bewährte Prinzip der zentralen Planung der Forschung – einem Prinzip übrigens, das auf einem zutiefst demokratischen wissenschaftlichen Meinungsbildungsprozeß beruht – in der nunmehr vierten Periode auf die Durchführung der Beschlüsse des XI. Parteitages orientiert. Unser Zentraler Forschungsplan, in dem die Wissenschaftsforschung inzwischen einen festen Platz gefunden hat, ist ein entscheidendes Instrument bei der schrittweisen Verwirklichung unseres Parteiprogramms, in dem auch die Aufgaben der Gesellschaftswissenschaften für einen längeren Zeitraum gültig verankert sind.

Genosse Erich Honecker hat in dem Bericht des ZK an den XI. Parteitag die Gesellschaftswissenschaftler aufgefordert, „die Forschungen zu Entwicklungstendenzen, Gesetzmäßigkeiten und Triebkräften des Sozialismus als einheitlichem sozialem Organismus noch umfassender und tiefgründiger zu betreiben. Im Zentrum stehen die Wechselbeziehungen von Politik, Ökonomie, Ideologie, Wissenschaft, Kultur und Landesverteidigung sowie die Analyse der inneren und äußeren Einflußfaktoren auf die Entwicklung wie die Geschichte des Sozialismus in der DDR ..."[3]

Diese Aufforderung machte deutlich, und darüber haben wir keine Zweifel aufkommen lassen, wie eng eine initiativreiche Arbeit der Gesellschaftswissenschaftler der DDR mit der Politik der Partei verbunden ist.

Das Jahr 1988 könnte, so schätzte unser Generalsekretär auf der jüngsten Beratung des Sekretariats des Zentralkomitees mit den 1. Sekretären der Kreisleitungen ein, eine Wende in den internationalen Beziehungen herbeiführen, den Prozeß des Abbaus der Konfrontation, der Entwicklung einer breiten, sachlichen internationalen Zusammenarbeit fördern. Zugleich ist es ein Jahr von entscheidender Bedeutung für die Durchführung der Aufgaben des Fünfjahrplanes 1986 bis 1990 in der DDR. Vor diesem Hintergrund ist auch die Einschätzung zu sehen, daß auf der bewährten Grundlage des Zentralen Forschungsplanes und in zunehmend produktiver Verbindung mit der Praxis „wertvolle wissenschaftlich-theoretische Beiträge zur Gestaltung der entwickelten sozialistischen Gesellschaft, zu Fragen des Friedens und der internationalen Entwicklung" entstanden sind.[4]

Es gibt jedoch, wenn wir die vorliegenden Forschungsergebnisse und erzielten Wirkungen der beiden letzten Jahre werten, immer wieder Veranlassung, die Fragen der Leistungssteigerung und der effektiven Potentialnutzung zu stellen.

Die Forderung, die ideologische und theoretische Arbeit auf ein höheres Niveau zu heben, den neuen innen- und außenpolitischen Entwicklungen weitaus stärker Rechnung zu tragen, ist unüberhörbar eine Orientierung auf kühnes theoretisches Denken, auf den Vorstoß in Neuland, auf das Hervorbringen neuer Erkenntnisse in der gesellschaftswissenschaftlichen Forschung. Was schon erkannt ist, braucht nicht noch einmal und immer wieder erforscht zu werden. Aber die Vielzahl neu auftretender Fragen und Entwicklungstendenzen muß aufgegriffen werden mit dem Ziel, Antworten und Lösungen zu finden.

Genosse Kurt Hager hat in seinen Vorträgen dazu deutliche Worte gesagt. Es liegt im Wesen der Forschung, daß Neues hervorgebracht, neue Lösungsvorschläge unterbreitet werden. Forschung ist auf Erkenntniszuwachs und Erweiterung des Lösungspotentials gerichtet. Es ist uns in der Tat sehr ernst mit dem Erkenntniszuwachs, geht es doch stets um ideologische Klarheit und die immer vollständigere Beherrschung der Einheit von Wissenschaft und Politik.

Die entschiedene Förderung und Forderung von Mut und Schöpfertum erhöht zugleich auch die Verantwortung der Wissenschaft und jedes einzelnen Wissenschaftlers. Die Worte „neu" und „Nutzen für die Gesellschaft" können nicht nebeneinander gestellt gedacht werden. Stiftung produktiver Unruhe darf nicht mit unproduktiver Verunsicherung verwechselt werden.

Natürlich muß auch der Gesellschaftswissenschaftler damit rechnen, daß seine Ergebnisse und Vorschläge nicht sofort akzeptiert werden, daß sie auf Kritik stoßen, zu Recht oder zu Unrecht. Gewiß ist auch in der Praxis die Aufnahmebereitschaft für gesellschaftswissenschaftliche Erkenntnisse nicht überall voll ausgeprägt. Auch auf diesem Gebiet gibt es „Überleitungsprobleme". Letztlich läßt sich aber die Praxis eben doch durch Leistung vom Nutzen theoretischer Arbeit überzeugen und beeinflussen, durch Leistungen, die wirklich neue Fragen aufwerfen, neue Erkenntnisse vorlegen und adäquate Lösungen anbieten. Wer in der Forschung Neues hervorbringen will, muß allerdings die realen gesellschaftlichen Prozesse genau kennen, ja selbst mitgestalten. Abstraktes Theoretisieren und Lebensferne wird bei uns immer Widerspruch und Kritik hervorrufen. Eine lebensnahe, fundierte Theorie, die das Potential für konstruktive Vorschläge etwa in der Leitungstätigkeit und für Anregungen des geistigen Lebens sowie der ideologischen Arbeit enthält, ist in der Praxis gewünscht und gefordert. Wir pflegen die Einheit von Theorie und Praxis nicht nur der Praxis willen, sondern zugleich der Theorie willen. Und theoretisch begründete sowie analytisch gesicherte Vorschläge für die Leitung gesellschaftlicher Prozesse, für die Leitungen der Partei, des Staates, der Wirtschaft und der gesellschaftlichen Organisationen sind stets willkommen – und zwar in einer dem jeweiligen Zweck entsprechenden inhaltlichen Anlage und verwertbaren Form.

In diesem Zusammenhang stehen auch die Ansprüche an die Qualität und Wirksamkeit der Wissenschaftsforschung.

Es handelte sich um eine weitsichtige Entscheidung des Politbüros des ZK der SED, als es die Aufgabe stellte, in institutionalisierter Form „die Stellung der Wissenschaft in der Gesellschaft zu bestimmen, die sozialen Voraussetzungen und Auswirkungen wissenschaftlicher Erkenntnisse zu erforschen, die inneren Entwicklungsgesetze und -tendenzen des Systems der Wissenschaften, besonders die Wachstumsprobleme aufzudecken, den Prozeß der schöpferischen wissenschaftlichen Arbeit zu analysieren und den Einfluß von Wissenschaft und Technik auf die Entwicklung und Herausbildung der sozialistischen Persönlichkeit zu erforschen."[5]

Dieser generellen Aufgabenstellung folgend, der sie im Verlauf einer nahezu zwanzigjährigen Entwicklung auch immer besser gerecht geworden ist, hat sich die marxistisch-leninistische Wissenschaftsforschung als ein selbständiges interdisziplinäres Wissensgebiet der Gesellschsafts-wissenschaften konstituiert, organisiert und institutionalisiert.

Der wissenschaftlich-technische Fortschritt und seine Beschleunigung für die ökonomische und gesellschaftliche Entwicklung erzeugten in den letzten Jahrzehnten in fast allen industriell entwickelten Ländern ein starkes Interesse an wissenschaftstheoretischen, wissenschaftshistorischen und wissenschaftsorganisatorischen Untersuchungen. Das Bedürfnis nach tieferem Verständnis der Gesetzmäßigkeiten und Triebkräfte der Wissenschaftsentwicklung hat sich international ausgebreitet und zur Herausbildung interdisziplinärer Wissenschaftsforschung geführt. Wir haben gemeinsam mit Wissenschaftlern der Sowjetunion und der anderen Bruderländer diese Entwicklung mitbestimmen können.

Heute verfügen wir an Einrichtungen der Akademie der Wissenschaften, der Universitäten und Hochschulen über ein leistungsfähiges Potential, das in der Forschung und Lehre, in der ideologischen Arbeit und wissenschaftspropagandistischen Tätigkeit auf beachtliche Leistungen verweisen kann und uns nationale und internationale Anerkennung einbrachte.

Es kommt doch nicht von ungefähr, daß die marxistisch-leninistische Wissenschaftsforschung in 3 Forschungskomplexen unseres Zentralen Forschungsplanes verankert ist und mit den dort enthaltenen Projekten komplexen Prozessen der Wissenschaftsentwicklung „auf der Spur" ist. Für die Arbeit des Rates ist die Orientierung, Erkenntnisgrundlagen für die Durchsetzung und schöpferische Weiterentwicklung der Wissenschaftspolitik systematisch zu erweitern und vorliegendes Erfahrungswissen zu verallgemeinern, die herausragende Aufgabe.

Im Mittelpunkt muß die Untersuchung der komplexen Zusammenhänge zwischen wissenschaftlich-technischem, ökonomischem und sozialem Fortschritt bei der umfassenden Intensivierung der Volkswirtschaft, anderer Bereiche des gesellschaftlichen Lebens und der Wissenschaft selbst stehen.

Wissenschaft als Mittel der Entwicklung neuartiger und Vervollkommnung bekannter Schlüsseltechnologien, der Beherrschung ökonomischer und sozialer Voraussetzungen und Konsequenzen des wissenschaftlich-technischen Fortschritts und nicht zuletzt der Bereicherung des geistig-kulturellen Lebens und der Entwicklung sozialistischer Persönlichkeiten zu begreifen, heißt eben auch systematisches Analysieren wissenschaftspolitischer Positionen, forschungsstrategischer Leitlinien, bedeutet Untersuchungen zu Struktur, Dynamik und Leistungsfähigkeit von Wissenschaftspotentialen.

Wir erwarten auch, daß aus der Arbeit des Rates konstruktive Beiträge zur Auseinandersetzung über die gesellschaftliche Funktion der Wissenschaft in unserer Zeit, über Möglichkeiten und Wirkungen der Wissenschaftler im Kampf um den Frieden und gegen den Mißbrauch der Wissenschaft hervorgehen. Leitgedanke dabei ist die Einheit von Sozialismus, Wissenschaft, Humanismus und Frieden.

*

Für die weitere Ausprägung des sozialistischen Geschichtsbewußtseins, für die Pflege progressiver Wissenschaftstraditionen und für die Erweiterung unseres Wissens von den Entwicklungsbedingungen und Gesetzmäßigkeiten der Wissenschaft ist die Forschung und Lehre auf dem Gebiet der Wissenschaftsgeschichte unentbehrlich. Unter Beachtung auch ihrer geistig-kulturellen Funktion sollte die Wissenschaftsgeschichte in der Arbeit des Rates entsprechende Bedeutung erhalten.

Es ist ein Vorzug der marxistisch-leninistischen Wissenschaftsforschung, daß sie von Anfang an interdisziplinär angelegt war und blieb. Verschiedene gesellschaftswissenschaftliche Disziplinen wie die Philosophie, Ökonomie, Geschichte und Soziologie brachten relevantes Wissen ebenso ein wie eine Reihe natur- und technikwissenschaftlicher Disziplinen. Und es wurde der Beweis erbracht, daß grundlagen- und anwendungsorientierte gesellschaftswissenschaftliche Forschung zur Wissenschaftsentwicklung interdisziplinäres Zusammenwirken voraussetzt und hervorbringt. Die Ergebnisse beispielsweise des Interdisziplinären Forschungsprogrammes „Wissenschaftlich-technische Revolution, sozialer Fortschritt und geistige Auseinandersetzung; weltanschauliche, soziale und ökonomische Fragen der wissenschaftlich-technischen Revolution im Sozialismus“ belegen das überzeugend. Auch in einer ganzen Reihe wissenschaftlicher Publikationen wurde dieser Beweis erbracht.

Interdisziplinarität ist in der Wissenschaftsforschung geistige Grundhaltung, Denkkultur und Arbeitsstil; die disziplinären Wurzeln gehen dabei nicht verloren; sie sind vielmehr die zwingende Voraussetzung, um integratives Wissen, wie es die moderne Wissenschaftsentwicklung kennzeichnet und hervorbringt, zu erlangen.

Es ist ja gerade dieses integrative Wissen, das dringend benötigt wird, wenn Wissenschaftsentwicklung im Sozialismus als einheitlicher sozialer Organismus gestaltet und effektiv genutzt werden soll.

Es haben sich gute Traditionen bei der Untersuchung historischer und aktueller Tendenzen der Entwicklung von Naturwissenschaften und Technik herausgebildet, die uns heute helfen, neuere Fragen zu Wissenschaft und Gesellschaft, Wissenschaft und Produktion, Wissenschaft und Innovation, zum Wissenschaftspotential, seiner Bildung und fachlichen Qualifizierung, zu Spitzenleistungen und ihrer Abhängigkeit von Spitzenbedingungen in personeller und materiell-technischer Hinsicht usw. besser zu verstehen und zu beantworten.

Die bevorzugte Orientierung der Wissenschaftsforschung auf Naturwissenschaft und Technik, die historisch sicher berechtigt war, ließ allerdings, und das wird zunehmend deutlicher, spezifische Fragen der Entwicklung der Gesellschaftswissenschaften bisher weitgehend unberücksichtigt, was zumindest das Zusammenwirken aller Disziplinen erschwert. (Das geht nicht nur an die Adresse der Wissenschaftsforschung.)

*

Es ist von uns stets hoch eingeschätzt worden, daß der Leitung, Planung und Organisation der Wissenschaftsentwicklung auch in der Forschung und Lehre große Aufmerksamkeit geschenkt worden ist. In diesen Bestrebungen sollte nicht nachgelassen werden. Allerdings darf Wissenschaftsforschung keinesfalls darauf reduziert werden, so sehr manche wissenschaftsleitende Gremien aus naheliegenden Gründen das fordern. Wissenschaftspolitik als Bestandteil von Gesellschaftspolitik muß weiter gefaßt werden, und die von ihr zu orientierenden Wissenschafts- und Bildungsprozesse haben ausgesprochen gesellschaftstheoretische Zusammenhänge zur Grundlage. Von ihrer Untersuchung und überzeugenden Darstellung hängt viel hinsichtlich der gesellschaftlichen Wirksamkeit der Wissenschaft, der nationalen und internationalen Anerkennung und nicht zuletzt das Bild der Wissenschaft in unserem Volk und in der Öffentlichkeit ab.

Aus grundlagentheoretischer Sicht ist der Analyse der Wissenschaft als eine spezifische Art gesellschaftlicher Tätigkeit, als sozialer Prozeß zu Recht ein hoher Stellenwert in der wissenschaftstheoretischen Forschung zuerkannt worden. Faktisch scheint das aber dazu geführt zu haben, daß eine starke Konzentration auf sozial-organisatorische und ökonomische Seiten der Wissenschaftsprozesse erfolgte. Die politisch wichtige Möglichkeit, Wissenschaft unter sozialen und ökonomischen Tätigkeits- und Prozeßaspekten abzubilden, wird aber doch wohl durch eine gewisse Vernachlässigung der Untersuchung des Wissens selbst erheblich begrenzt. Wir müssen wissen, was Wissen ist! Die gegenständliche Spezifik der Wissenschaftsentwicklung kommt in konzentrierter Form im Wissen als ihrem unmittelbaren Produkt zum Ausdruck.

Mir scheint, daß das Wissen um das Wissen eine entscheidende Grundlage für die Realisierung der hohen Ansprüche an die Bildung stellt.

Genosse Honecker stellt in seiner Rede vom 12. 2. 1988 überzeugend dar, daß die neue Qualität des Wachstums unserer Wirtschaft an alle Bereiche der Gesellschaft erhöhte Anforderungen stellt. Das betrifft in besonderem Maße die Bildung und Weiterbildung der Werktätigen als dem wichtigsten Faktor für die Erhöhung der Qualität und Effektivität der gesellschaftlichen Entwicklung, besonders natürlich in der Volkswirtschaft. Die ökonomische Strategie unserer Partei mit dem Blick auf das Jahr 2000 vergrößert die schöpferischen Möglichkeiten des Menschen außerordentlich, doch sie stellt auch qualitativ neue Anforderungen an das geistige Rüstzeug, an die Fähigkeiten, Haltungen und Eigenschaften eines jeden.

Es ist notwendig, das Wechselverhältnis von Wissenschaft – Produktion – Bildung tiefer zu analysieren und entsprechende Schlußfolgerungen zu ziehen.

Der Ruf nach Bildungsvorlauf wird immer lauter und muß so verstanden werden, daß in der Bildung vor allem das Rüstzeug für schöpferische Aktivität zum Suchen und Finden von Problemlösungen erworben werden muß. Schöpferisches Handeln setzt Wissen und Können voraus.

Bildungsvorlauf brauchen wir angesichts der stürmischen Entwicklung der Produktivkräfte, der umfassenden und tiefgehenden wissenschaftlich-technischen Durchdringung des Reproduktionsprozesses, der Anwendung der Automatisierungs- und Informationsverarbeitungstechnik – kurz für die Herausbildung des dem Sozialismus gemäßen Techniktyps.

Bildungsvorlauf brauchen wir, um die fortschreitende Vergesellschaftung der sozialistischen Produktion, insbesondere die zunehmend engere nationale und internationale Verflechtung, beherrschen zu können. Wachsende Dynamik und verstärkte Komplexität von ökonomischen und wissenschaftlich-technischen Prozessen fordern neue Haltungen und Einstellungen. Bildungsvorlauf brauchen wir auch für die weitere Vervollkommnung der sozialistischen Demokratie, der Entwicklung eines aktiven und kulturvollen Lebens im Sozialismus. Es geht um hohe Bildung und Kenntnisse, um die verstärkten Wechselbeziehungen zwischen ökonomischen, wissenschaftlich-technischen und sozialen Prozessen beherrschen und nutzen zu können.

Bei der Realisierung dieser Bildungsaufgabe erhält an den Universitäten und Hochschulen das Prinzip der Einheit von Lehre und Forschung eine ganz besondere Bedeutung. Dafür seien nur zwei wesentliche Gesichtspunkte genannt: Zum einen liegt diesem Einheitsprinzip der Gedanke zugrunde, und hierin liegt die Spezifik der Hochschulforschung begründet, daß akademische Lehre, die Schaffung von Bildungsvorlauf nur auf der Basis hochqualifizierter Forschung möglich ist. Von der Lehre her bekommt besonders die Erkundungsforschung den höchsten Stellenwert im Bildungsprozeß. Und zum anderen ist die frühzeitige aktive Teilnahme der Studenten an der wissenschaftlichen Arbeit besonders im Forschungsprozeß mit hohen und höchsten Ansprüchen eine prägende Aufgabe in der Bildung und Erziehung.

*

Ich wollte nur einige Probleme unserer Wissenschaftspolitik darlegen; für diese und weitere Problemkreise wird sich – dessen bin ich mir sicher – der Rat für marxistisch-leninistische Wissenschaftsforschung, der heute seine Arbeit aufnimmt, interessieren und engagieren. Die Zusammenarbeit mit anderen wissenschaftlichen Räten wird zur Lösung der anstehenden Aufgaben unabdingbar sein.

Mit Gründung des Wissenschaftlichen Rates treten wir in eine neue Etappe der Entwicklung dieses Wissensgebietes ein, in der vor allem in Durchführung der Beschlüsse des XI. Parteitages der SED und nun auch schon mit dem Blick auf den kommenden Fünfjahrplan neue Ziele abgesteckt, eine höhere Qualität in der analytisch-prognostischen und theoretischen Arbeit angestrebt und die gesellschaftliche Wirksamkeit weiter gesteigert werden.

Dazu wünsche ich dem Vorsitzenden des Rates, Genossen Günter Kröber, dem Leitungskollektiv und allen Mitgliedern viel Erfolg.

Anmerkungen

1 Programm der SED, Berlin 1976, S. 45.

2 E. Honecker, Mit dem Volk und für das Volk realisieren wir die Generallinie unserer Partei zum Wohle der Menschen. Aus dem Referat des Generalsekretärs des ZK der SED und Vorsitzenden des Staatsrates der DDR auf der Beratung des Sekretariats des ZK mit den 1. Sekretären der Kreisleitungen, Berlin 1988, S. 64.

3 Bericht des ZK an den XI. Parteitag, Berlin 1986, S. 58.

4 E. Honecker, Mit dem Volk und für das Volk realisieren wir die Generallinie unserer Partei zum Wohle der Menschen. a .a. O., S. 67.

5 Die weitere Entwicklung der marxistisch-leninistischen Gesellschaftswissenschaften in der DDR. In: Einheit, 12/1968, S. 1460.

G. Kröber

Wissenschaftsforschung in der DDR – Stand, Positionen und Aufgaben. Zur Gründung des Rates für marxistisch-leninistische Wissenschaftsforschung.

I.

In seinem Beschluß zum ersten Zentralen Plan der gesellschaftswissenschaftlichen Forschung in der DDR hatte das Politbüro des ZK der SED gefordert, angesichts der wachsenden Bedeutung der Wissenschaften als unmittelbare Produktivkraft das System der Wissenschaften selbst zum Gegenstand wissenschaftlicher Forschungsarbeit zu machen, um Grundlagen für die Prognose, Planung und Leitung der Wissenschaftsentwicklung zu erhalten. „Das erfordert", so hieß es in diesem Beschluß, „die Entwicklung einer Wissenschaftstheorie (Wissenschaftskunde)". Insbesondere wurde die Aufgabe gestellt, „die Stellung der Wissenschaft in der Gesellschaft zu bestimmen, die sozialen Voraussetzungen und Auswirkungen wissenschaftlicher Erkenntnisse zu erforschen, die inneren Entwicklungsgesetze und -tendenzen des Systems der Wissenschaften, besonders die Wachstumsprobleme aufzudecken, den Prozeß der schöpferischen wissenschaftlichen Arbeit zu analysieren und den Einfluß von Wissenschaft und Technik auf die Herausbildung und Entwicklung der sozialistischen Persönlichkeit zu erforschen."[1]

Dieser Beschluß war die Geburtsurkunde der marxistisch-leninistischen Wissenschaftsforschung in der DDR. Unsere Partei trug damit weitsichtig den nationalen Erfordernissen Rechnung, die den wissenschaftlich-technischen Fortschritt und seine Beschleunigung immer klarer als Hauptinstrument ökonomischen und sozialen Fortschritts bei der Gestaltung der entwickelten sozialistischen Gesellschaft in der DDR erwiesen. Sie entsprach damit zugleich der sich in den 60er Jahren auch international abzeichnenden Tendenz, die Wissenschaft selbst zum Gegenstand wissenschaftlicher Forschung zu machen – eine Tendenz, die Anfang der 70er Jahre zum Aufbau institutionalisierter Zentren der marxistisch-leninistischen Wissenschaftsforschung in fast allen europäischen sozialistischen Ländern führte.

Bekanntlich waren den Problemen der Entwicklung von Wissenschaft und Technik auch schon in den 50er und 60er Jahren in der DDR wichtige und z. T. bahnbrechende Arbeiten aus der Sicht einzelner gesellschaftswissenschaftlicher Disziplinen gewidmet; ich denke dabei an Gerhard Kosels 1957 veröffentlichte Schrift „Produktivkraft Wissenschaft", an den ersten Philosophenkongreß in der DDR 1965 zu Problemen der technischen Revolution und an viele Arbeiten vor allem von Philosophen und Ökonomen zu philosophisch-weltanschaulichen, erkenntnistheoretischen, methodologischen und ökonomischen Problemen des wissenschaftlich-technischen Fortschritts. Anknüpfend an diese disziplinären Betrachtungsweisen der Wissenschaft kam es in den 70er Jahren immer mehr darauf an, Wissenschaft als einen komplexen gesellschaftlichen Prozeß zu verstehen und sie demgemäß interdisziplinär, unter Nutzung aller Vorzüge interdisziplinären Zusammenwirkens von Natur- und Gesellschaftswissenschaftlern zu erforschen. Eben das war die spezifische Aufgabe der Wissenschaftsforschung. Dieses neuartige Herangehen (es war auch für die Wissenschaftsforschung in anderen sozialistischen Ländern kennzeichnend) resultierte aus der Einsicht, daß die Wissenschaft zwar ein System theoretischen Wissens ist, daß der Basismechanismus des Prozesses der Wissenschaftsentwicklung jedoch die wissenschaftliche Arbeit ist, also geistige Produktion, die in vielfältiger Weise mit der materiellen Produktion und dem gesamten materiellen und geistig-kulturellen Leben der Gesellschaft verflochten ist. Diese Einsicht wurzelt in den bereits von den Klassikern des Marxismus-Leninismus geschaffenen

Grundlagen einer Theorie der Wissenschaftsentwicklung; sie reifte aber in der DDR erst zu Beginn der 70er Jahre zur konzeptionellen Grundlage der Wissenschaftsforschung heran, zu der Zeit also, als nach dem VIII. Parteitag der SED auch praktisch die Aufgabe gestellt war, die Wissenschaft voll in den gesellschaftlichen Reproduktionsprozeß zu integrieren.

Der institutionelle Aufbau der Wissenschaftsforschung ging in Forschung und Lehre in den 70er Jahren bei uns zügig voran. An der Akademie der Wissenschaften wurde 1970 das heutige Institut für Theorie, Geschichte und Organisation der Wissenschaft gegründet, an der Humboldt-Universität zu Berlin etwa zeitgleich die Sektion Wissenschaftstheorie und -organisation, die erste und bisher einzige Lehr- und Ausbildungsstätte auf diesem Gebiet in der DDR. Außer diesen beiden Zentren der Forschung und Lehre wurden und werden Probleme der Wissenschaft, ihrer Entwicklung, Leitung, Planung und Organisation, der Verbindung von Wissenschaft und Produktion, Fragen des wissenschaftlichen Schöpfertums, der Persönlichkeitsentwicklung, philosophische, ökonomische, soziale u. a. Probleme des wissenschaftlich-technischen Fortschritts an vielen wissenschaftlichen Einrichtungen unserer Republik gemäß der Spezifik der jeweiligen Einrichtung bearbeitet – so an den Akademieinstituten für Philosophie, Wirtschaftswissenschaften, Soziologie und Sozialpolitik, Theorie des Staates und des Rechts, Wirtschaftsgeschichte, an verschiedenen natur- und gesellschaftswissenschaftlichen Sektionen der Humboldt-Universität Berlin, der Karl-Marx-Universität Leipzig, der Friedrich-Schiller-Universität Jena, den Technischen Universitäten Dresden und Karl-Marx-Stadt, an der Akademie für Gesellschaftswissenschaften, am Zentralinstitut für sozialistische Wirtschaftsführung und an der Parteihochschule „Karl Marx" beim ZK der SED, ferner am Institut für Internationale Politik und Wirtschaft, an der Hochschule für Ökonomie „Bruno Leuschner", dem Zentralinstitut für Hochschulbildung beim MHF, der Akademie der Pädagogischen Wissenschaften, der Bauakademie, der Akademie der Landwirtschaftswissenschaften, der Bergakademie Freiberg und an anderen Einrichtungen. Von besonderem Stellenwert sind in diesem Zusammenhang die interdisziplinären Forschungsprogramme „Wissenschaftlich-technische Revolution, sozialer Fortschritt und geistige Auseinandersetzung" an der AdW der DDR und „Weltanschauliche, soziale und ökonomische Fragen der wissenschaftlich-technischen Revolution im Sozialismus" der TU Dresden, in deren Rahmen Natur- und Gesellschaftswissenschaftler sowie Vertreter der Industrie eng zusammenwirken. Aus diesen Forschungsarbeiten sind beachtenswerte Beiträge zur theoretischen Durchdringung der gegenwärtigen Prozesse der Wissenschaftsentwicklung, des wissenschaftlich-technischen Fortschritts und der wissenschaftlich-technischen Revolution sowie viele Ausarbeitungen hervorgegangen, die für die wissenschaftsleitenden Gremien von Partei und Regierung oder der betreffenden Einrichtungen entscheidungsvorbereitende Gesichtspunkte geliefert haben. Das belegt ein weiteres wichtiges Kennzeichen der marxistisch-leninistischen Wissenschaftsforschung in der DDR: Ihr Bestreben, theoretische Solidität und analytischen Gehalt zu verbinden mit hoher praktischer Wirksamkeit bei der Bewältigung der Probleme einer den Bedürfnissen der ökonomischen, sozialen, wissenschaftlich-technischen und geistig-kulturellen Entwicklung unseres Landes gerecht werdenden Leitung, Planung und Organisation der Wissenschaft und des wissenschaftlich-technischen Fortschritts.

Die Wissenschaftsforschung der DDR hat sich von Anbeginn an in enger Kooperation mit einschlägigen Forschungseinrichtungen der UdSSR und der anderen sozialistischen Länder entwickelt. Sie ist relativ rasch ein gleichberechtigter und anerkannter Partner im gemeinsamen Forschungsprogramm der RGW-Länder auf diesem Gebiet geworden – dem heutigen Zielprojekt 16 der multilateralen Zusammenarbeit der Akademien der Wissenschaften der sozialistischen Länder. In gemeinsamer Arbeit von Wissenschaftlern aus sieben sozialistischen Ländern – einschließlich der DDR – ist auf marxistisch-leninistischer Grundlage das international erste Standardwerk „Grundlagen der Wissenschaftsforschung" entstanden, das noch in diesem Jahr auch in deutscher Sprache vorliegen wird. Zugleich wurde in all den Jahren die Auseinandersetzung mit bürgerlichen

Konzeptionen der Wissenschaftsentwicklung auf steigendem Niveau geführt und die Wissenschafts-, Forschungs-, Technologie- und Hochschulpolitik der kapitalistischen Länder analysiert und verfolgt. Wissenschaftler der DDR arbeiten aktiv in den Leitungen bzw. als Mitglieder internationaler wissenschaftspolitischer Gremien mit, so im International Council for Science Policy Studies (ICSPS) der IUHPS und im Wissenschaftspolitischen Ausschuß der Weltföderation der Wissenschaftler.

Auch die wissenschaftshistorische Forschung und Lehre hat in den vergangenen zwei Jahrzehnten einen beachtlichen Aufschwung erfahren. Die stete Förderung, die sie durch Partei und Regierung erhielt, gründet in der Erwartung, daß die Wissenschaftsgeschichte uns Wissen über die Vergangenheit liefern soll, „damit wir die gegenwärtigen Prozesse der Wissenschaftsentwicklung und des wissenschaftlich-technischen Fortschritts besser beherrschen und die künftigen Entwicklungslinien exakter einschätzen können".[2] Die Aufarbeitung historischer Erfahrungen der Wissenschaftsentwicklung ist ein unverzichtbarer Bestandteil unserer gegenwärtigen Bemühungen um ein hohes Niveau in Wissenschaft und Technik, in Forschung und Lehre, wenn wir die Leistungsfähigkeit der Wissenschaft heute und morgen und die produktive Verwertung ihrer Ergebnisse kenntnisreich, fachgerecht und effektiv fördern und leiten wollen. Überdies messen wir der Wissenschaftsgeschichte in der Bildung und Erziehung der Studenten und jungen Wissenschaftler eine große Bedeutung bei, weil sie über spezifische Möglichkeiten verfügt, eine wissenschaftliche Weltanschauung zu verbreiten und anzueignen und zur Herausbildung schöpferischer Fähigkeiten beizutragen. Die Beschäftigung mit Problemen wissenschaftlicher Kreativität, mit der sozialen und politischen Verantwortung der Wissenschaftler, mit dem Einfluß großer Gelehrter auf Wissenschaft und Gesellschaft, mit dem Vorbild berühmter Forscher und Lehrer – all das sind Themen von großer Aktualität in der Ausbildung und Erziehung der studentischen Jugend.[3]

Die Arbeit unserer Wissenschaftshistoriker gestaltet sich so immer bewußter im Schnittpunkt von Geschichtswissenschaft und Wissenschaftsforschung. Sie folgt damit der von Gerhard Harig bereits in den 50er Jahren vorgezeichneten Orientierung, die Gesetzmäßigkeiten der Entwicklung der Wissenschaft zu erforschen, indem die Vergangenheit durch Erschließung der fortschrittlichen Traditionen in der Wissenschaftsgeschichte für die Gegenwart nutzbar gemacht wird.[4] Das langjährig in erfolgreicher Kooperation von Berliner, Leipziger, Dresdner, Freiberger u. a. Einrichtungen bearbeitete Feld der Geschichte der Produktivkräfte mag als *ein* Beleg dafür dienen, wie fruchtbar diese Orientierung war und ist. Dabei betrachten wir das Verhältnis von Gegenwart und Geschichte keineswegs als eine theoretische Einbahnstraße in dem Sinne, daß die gegenwärtige Wissenschaftspraxis und ihre Leitung Fragen aufwerfen und die Geschichtsforschung sie zu beantworten sucht. In nicht geringerem Maße ist uns die Erforschung der Wissenschaftsgeschichte Quelle von Fragen an die Gegenwartssituation unserer Wissenschaft und ein Schlüssel, um die Probleme dieser Situation genauer zu diagnostizieren. Als Teil und Komponente der allgemeinen Geschichtswissenschaft in ihren vielfältigen Formen und Genres als Universalgeschichte, als Wirtschafts-, Kultur- oder Ideologiegeschichte ist die Wissenschaftsgeschichte zugleich eine reichhaltige Quelle fortschrittlichen Geschichtsbewußtseins, dessen Bewahrung und Entwicklung wir angesichts der unauslöschlichen Erfahrungen aus der deutschen Geschichte der ersten Hälfte unseres Jahrhunderts ganz besondere Aufmerksamkeit widmen.

Die wissenschaftshistorische Forschung und Lehre ist heute an fast allen Universitäten und großen Hochschulen der DDR fest etabliert – an der Humboldt-Universität zu Berlin, der Karl-Marx-Universität Leipzig, der Friedrich-Schiller-Universität Jena, der Martin-Luther-Universität Halle, der Wilhelm-Pieck-Universität Rostock, der Ernst-Moritz-Arndt-Universität Greifswald, der Technischen Universität Dresden, der Technischen Hochschule „Carl Schorlemmer" Leuna-Merseburg, der Akademie der Wissenschaften der DDR, der Bergakademie Freiberg und an anderen Einrichtungen, wie z. B. an der Archenhold-Sternwarte in Berlin-Treptow oder am Mathematisch-physikalischen Salon in Dresden.[5] Die DDR ist eines der wenigen Länder der Welt, wenn nicht überhaupt das einzige, in dem die wissenschaftshistorische Lehre für Naturwissenschaftler und Mediziner, leider nicht auch schon für Gesellschaftswissenschaftler, obligatorisch und damit ein volles akademisches Lehrfach wurde, für das auch die entsprechenden Lehrbücher zur Verfügung stehen. Wir können einschätzen, daß die wissenschaftshistorische Forschung und Lehre in der DDR heute eine in der Welt hoch anerkannte Position einnimmt, was nicht zuletzt in der Wahl von Wissenschaftlern der DDR in Leitungsgremien der Internationalen Union für Philosophie und Geschichte der Wissenschaft (IUHPS), als Mitglieder in deren wissenschaftliche Kommissionen und als Ordentliche und Korrespondierende Mitglieder in die Internationale Akademie für Wissenschaftsgeschichte seinen Ausdruck findet. Auch die Zeitschrift „NTM" ist ein gut renommiertes Publikationsorgan.

II.

Für die Wissenschaftsforschung der DDR hatten sich aus den Beschlüssen des IX. Parteitages und dem auf ihm angenommenen Parteiprogramm drei große Problemkreise ergeben, bei deren Bearbeitung sich das komplexe Herangehen und die Einheit von Theorie und Praxis, von wissenschaftstheoretischer Grundlagenforschung und aktiver Mitgestaltung wissenschaftspolitischer und wissenschaftsorganisatorischer Prozesse zu bewähren hatten:

1. Die Aufgabe, die Errungenschaften der wissenschaftlich-technischen Revolution mit den Vorzügen des sozialistischen Gesellschaftssystems organisch zu verbinden;
2. den wissenschaftlich-technischen Fortschritt zu beschleunigen und dem Sozialismus gemäße Formen der Verbindung von Wissenschaft und Produktion breit zu entfalten; und
3. die Intensivierung der wissenschaftlichen Arbeit selbst, also die schnellere Erhöhung des Leistungsniveaus der Wissenschaft im Vergleich zu dem ebenfalls wachsenden Ressourcenbedarf der Wissenschaft.

Diese Problemkreise sind von grundsätzlicher und grundlegender Art. Sie stellen sich auf jeder Entwicklungsetappe der sozialistischen Gesellschaft und in jeder Phase der Auseinandersetzung der gegensätzlichen Gesellschaftssysteme unter stets neuen Bedingungen. Sie sind damit eine ständige Quelle höchster Ansprüche an das theoretische Niveau der Wissenschaftsforschung und an die praktische Relevanz ihrer Ergebnisse.

Keiner dieser drei Problemkreise hat bis heute an Aktualität und auch an Brisanz verloren. Im Gegenteil: Die Beschlüsse des X. und XI. Parteitages der SED und der zweite und dritte Zentrale Plan der gesellschaftswissenschaftlichen Forschung haben der marxistisch-leninistischen Wissenschaftsforschung in der DDR, die ein fester Bestandteil dieser Pläne und ein verläßlicher und leistungsfähiger Partner im Ensemble der gesellschaftswissenschaftlichen Disziplinen geworden ist, immer anspruchsvollere Aufgaben gestellt.

Wir dürfen es sicher als Ausdruck der Anerkennung der bisherigen Entwicklung und der bisherigen Ergebnisse der marxistisch-leninistischen Wissenschaftsforschung in der DDR durch die Parteiführung betrachten, daß mit der Gründung des Rates für marxistisch-leninistische Wissenschaftsforschung dieses Gebiet sich nun auch gleichberechtigt in das System der Räte der gesellschaftswissenschaftlichen Forschung einordnet und damit die Möglichkeit erhält, zu einer neuen und höheren Qualität der Leitung, Planung und Koordinierung der Arbeiten auf diesem Gebiet in unserem Lande überzugehen. Ich darf im Namen der Leitung und der Mitglieder des Rates sowie aller auf diesem Feld der gesellschaftswissenschaftlichen Forschung bei uns Arbeitenden der Parteiführung für dieses Vertrauen unseren Dank aussprechen. Unsererseits versichern wir, daß wir im Sinne der hohen Maßstäbe, die der Generalsekretär unserer Partei, Genosse Erich Honecker, in seiner jüngsten Rede vor den 1. Kreissekretären der gesellschaftswissenschaftlichen Forschung gesetzt hat, all unsere schöpferischen Kräfte und Fähigkeiten einsetzen werden, um unseren aktiven Beitrag dazu zu leisten, die Beschlüsse des XI. Parteitages der SED unter allen Bedingungen verwirklichen zu helfen.

Dabei wird es darauf ankommen, ständig den Stand zu analysieren, den wir bei der Bewältigung der genannten drei großen Problemkreise erreicht haben und bei gleichzeitiger Fortführung und Vertiefung der theoretischen Arbeit auf die Lösung der vielfältigen Probleme, vor denen wir im Zusammenhang mit der wissenschaftlich-technischen Revolution stehen, hinzuwirken. Der Rat für marxistisch-leninistische Wissenschaftsforschung wird sich in diesem Bemühen davon leiten lassen, daß der Aufbau des Sozialismus „ein ständiger Prozeß der schöpferischen Suche nach den jeweils besseren Wegen zur Lösung neuer Aufgaben und Probleme" ist.[6] Für die Wissenschaftsforschung heißt das, ständig auf der schöpferischen Suche zu sein nach jeweils besseren Wegen zur Erhöhung der Produktivität und Effektivität der wissenschaftlichen Arbeit, der Verbindung der Wissenschaft mit der Produktion und der Produktion mit der Wissenschaft, der Beschleunigung des wissenschaftlich-technischen Fortschritts und der zeitökonomischen Umsetzung seiner Ergebnisse in ökonomischen Leistungszuwachs und sozialen Fortschritt. Das schließt insbesondere Vorschläge ein, wie das System der Leitung und Planung so weiterentwickelt und vervollkommnet werden kann, daß es immer besser den Erfordernissen der Verbindung der Errungenschaften der wissenschaftlich-technischen Revolution mit den Vorzügen des Sozialismus und der Einheit von Wissenschaft und Produktion entspricht. Diesbezügliche Arbeiten, die bisher an gesellschaftswissenschaftlichen Instituten der Akademie der Wissenschaften, der Sektion Wissenschaftstheorie und -organisation der Humboldt-Universität, des Zentralinstituts für Hochschulbildung, der Hochschule für Ökonomie, der Technischen Universitäten Dresden und Karl-Marx-Stadt sowie am Zentralinstitut für sozialistische Wirtschaftsführung, an Instituten der Akademie für Gesellschaftswissenschaften und an der Parteihochschule ausgeführt wurden, gilt es besser zu koordinieren und vor allem zu praktikablen Lösungsvorschlägen zu verdichten, die unseren Bedingungen entsprechen. Voraussetzung für die Erarbeitung solcher Lösungsvarianten ist, die ganze „Härte der technologischen Auseinandersetzung, die Dialektik dieses Prozesses, seine riesigen Möglichkeiten, aber auch seine Schwierigkeiten" genau zu analysieren, die Praxis also nicht nur zu interpretieren, sondern sie im Sinne der Stärkung des Sozialismus in der DDR weiterzuentwickeln.[7]

Der Generalsekretär unserer Partei hat in seiner Rede vor den 1. Kreissekretären eingeschätzt, daß das qualitative Niveau der Beziehungen zwischen Wissenschaft und Produktion noch nicht überall unseren Möglichkeiten und den objektiven Erfordernissen entspricht. Reserven liegen hier vor allem in einer höher anzusetzenden Qualität der konzeptionellen, wissenschaftsstrategischen Arbeit der Akademie und des Hochschulwesens in Kooperation mit ihren Partnern aus den Kombinaten, in der konsequenter wahrzunehmenden gemeinsamen Verantwortung für die Grundlagenforschung, den Bildungsvorlauf und den flexiblen Kadereinsatz sowie für die materiell-technische Basis der wissenschaftlichen Arbeit.[8]

Was die analytisch-prognostische, wissenschaftsstrategische Arbeit betrifft, so bedarf sie vor allem verläßlicher Methoden und Instrumentarien sowie analytischer Daten über neueste Tendenzen der Wissenschaftsentwicklung, der Forschungs- und Technologiepolitik im internationalen Maßstab und der Leistungsfähigkeit unseres eigenen Wissenschaftspotentials wie des Leistungsvermögens der Potentiale anderer, insbesondere industriell entwickelter kapitalistischer Länder. Gleiches gilt für die in der Verantwortung der Akademie und des Hochschulwesens liegende Herausarbeitung weitgesteckter Entwicklungsrichtungen der Grundlagenforschung. Hierfür haben sich international bereits Methoden und Instrumentarien der angewandten Systemanalyse sowie wissenschaftsmetrische Methoden und Verfahren bewährt. Sie vermögen umsomehr zu leisten, je höher das Niveau der Wissenschaftsstatistik und des gesamten Systems der wissenschaftlichen Information und Dokumentation sowie der Datenbeschaffung und -verarbeitung ist, ein Niveau, das unter den heutigen Bedingungen seinerseits auch von einer hochentwickelten materiell-technischen Basis abhängt.

Die gemeinsame Verantwortung der Partner aus Wissenschaft und Industrie für den Bildungsvorlauf verweist die Wissenschaftsforschung auf das Problem der Wechselbeziehungen zwischen Bildung, Wissenschaft und Produktion. Viele schon heute absehbare Tendenzen der wissenschaftlich-technischen Revolution deuten darauf hin, daß Bildung, Wissenschaft und Produktion immer mehr zu einem einheitlichen System verschmelzen, da jedes der drei Elemente für die jeweils anderen eine Bedingung für deren Entwicklung ist. Insbesondere ist die Bildung über die Reproduktion des subjektiven Elements von Wissenschaft und Produktion selbst ein bestimmender Faktor und eine Triebkraft der wissenschaftlich-technischen Revolution. Andererseits ist die Vervollkommnung der Bildung nur im System mit Wissenschaft und Produktion und der Zusammenhänge zwischen ihnen möglich.

Wir sind seit dem XI. Parteitag auf dem Wege der engen Verbindung von Wissenschaft und Produktion beachtlich vorangekommen. Es wäre aber vielleicht geboten, in Vorbereitung auf den XII. Parteitag in Zusammenarbeit von Pädagogen und den Ministerien für Volksbildung, für Hoch- und Fachschulwesen, für Wissenschaft und Technik und dem Staatssekretariat für Berufsbildung eine Analyse über den Stand der Beziehungen zwischen Bildung und Wissenschaft und zwischen Bildung und Produktion vorzubereiten und Empfehlungen auszuarbeiten, wie diese Beziehungen in den 90er Jahren mit dem Blick auf die Anforderungen der Jahrhundertwende intensiviert werden können. Eine solche Analyse müßte u. a. darauf zielen, was der Generalsekretär in seiner Rede vor den 1. Kreissekretären erneut gefordert hat, nämlich die Frage produktiv zu beantworten, „wie moderne Wissenschaft heute, unter Beachtung ihrer stürmischen Entwicklung, ihrer hohen Dynamik und ihres Innovationsdranges, gelehrt und studiert werden muß".[9] In diesem Zusammenhang bietet es sich auch an, den Stand der Verwirklichung des Politbürobeschlusses vom 18. 3. 1980 „Aufgaben der Universitäten und Hochschulen in der entwickelten sozialistischen Gesellschaft" zu analysieren. Manche neuen Formen und Wege des Studiums, die dieser Beschluß schöpferisch gewiesen hat, werden von uns noch zu zaghaft genutzt, um in größerer Breite hochtalentierten wissenschaftlichen Nachwuchs und wissenschaftliche Spitzenkräfte heranwachsen zu lassen.

Wissenschaftliche Spitzenkräfte sind erforderlich, wenn uns wissenschaftliche Spitzenleistungen in größerer Dichte und Breite gelingen sollen. In größerer Dichte heißt natürlich nicht, daß wir als ein kleines Land mit begrenzten Ressourcen – auch personellen – auf allen Gebieten der Volkswirtschaft und der Grundlagenforschung Weltspitzenleistungen erreichen können. Von der Wissenschaftsforschung muß erwartet werden, daß sie Beiträge dazu leistet, wie jene neuen Forschungsrichtungen und jene Hauptlinien der Grundlagenforschung bestimmt werden können, „die einen schnellen Vorstoß bei Spitzentechnologien bis zum weltmarktfähigen Produkt sichern".[10]

Was Wissenschaftstheorie und -geschichte bisher zu diesem Problem sagen können, ist, daß die Erzeugung der wissenschaftlichen Grundlagen technisch-technologischer und volkswirtschaftlicher Innovationen eine Funktion nicht nur der jeweiligen angewandten Bereiche ist, sondern ursächlich vom Zustand des Gesamtorganismus der Wissenschaft in dem betreffenden Lande abhängt. Die Orientierung auf das Hervorbringen von Spitzentechnologien tangiert deshalb nicht nur die Forschung auf diesem oder jenem naturwissenschaftlich-technischen Gebiet, etwa der Mikroelektronik oder der Biotechnologie, sondern sie ist an die Entwicklung und an ein hohes Niveau der Gesamtwissenschaft gebunden, und sie berührt alle Forschungsstufen, von der erkundenden Grundlagenforschung über die Anwendungsforschung bis zur technischen Entwicklung. Die volkswirtschaftliche Praxis selbst erhärtet die Richtigkeit dieser These, wenn man folgendes bedenkt,

1) daß es heute immer mehr nicht nur um die Entwicklung der einzelnen Schlüsseltechnologien für sich genommen geht, sondern mehr und mehr um ihre Verflechtung untereinander und mit traditionellen Technologien, z. B. von Mikroelektronik und Biotechnologie oder von Mikroelektronik und Maschinenbau;

2) daß es darauf ankommt, den Schlüsseltechnologien eine breite volkswirtschaftliche An-

wendung zu sichern, was seinerseits auch ein Problem der wissenschaftlichen, technischen und volkswirtschaftlichen Infrastruktur und somit wiederum eine Funktion des Zustandes des Gesamtsystems von Bildung, Wissenschaft und Produktion ist;

3) daß es sowohl um die heute schon bekannten und eingeführten Schlüsseltechnologien geht, als auch um solche, für die heute in der Grundlagenforschung erst die allerersten kognitiven Voraussetzungen geschaffen werden, um solche, die möglicherweise aus ganz anderen wissenschaftlichen Disziplinen hervorgehen als die heute bekannten und für die die heutige Mikroelektronik vielleicht nur ein bescheidenes Vorspiel sein wird;

4) daß es darauf ankommt, die Schlüsseltechnologien der Zukunft gemäß den Idealen und Werten der sozialistischen Gesellschaft bereits vom Stadium der Grundlagenforschung her noch weitaus mehr auf die Befriedigung menschlicher Lebensbedürfnisse und gesellschaftlicher Entwicklungserfordernisse zuzuschneiden, als das die heutigen Schlüsseltechnologien schon sind, so daß sie eine unvergleichlich höhere Arbeitsproduktivität ermöglichen werden, sich durch weitaus geringeren Energie- und Rohstoffverbrauch auszeichnen, gesundheits-, umwelt- und fehlerfreundlich sein werden und das Verhältnis von Arbeits- und Freizeit entschieden zugunsten der letzteren verschieben werden.

Es geht also heute selbst da, wo wir auf Spitzenleistungen und Spitzentechnologien auf ausgewählten Gebieten orientieren, letztlich immer um den gesamtgesellschaftlichen Produktions- und Reproduktionsprozeß. Die Wissenschaftsforschung muß sich in diesem Zusammenhang allen Problemen stellen, die mit der Einheit von Wissenschafts-, Wirtschafts- und Sozialpolitik, von wissenschaftlich-technischem, ökonomischem und sozialem Fortschritt zusammenhängen. Diese Probleme reichen von einem schöpferischen Arbeitsklima in den Forscherkollektiven bis hin zu einer gesellschaftlichen Atmosphäre, die durch das ständige schöpferische Suchen nach neuen und besseren Wegen des Voranschreitens gekennzeichnet ist. Sie reichen von der Analyse der objektiven Faktoren, welche die Entwicklung der Wissenschaft determinieren, bis zur Untersuchung der subjektiven Momente, ohne die die Wissenschaftsentwicklung, wie die geschichtliche Entwicklung überhaupt, undenkbar ist. Die Wissenschaftsforschung wird in diesem Zusammenhang auch Mittel und Wege zu erkunden haben, wie das soziale Prestige der Wissenschaft und der Persönlichkeit des Wissenschaftlers in unserer Gesellschaft weiter gehoben werden kann.

Schließlich sind in der komplexen Orientierung der Wissenschaftsforschung auf den Gesamtorganismus der Wissenschaft auch ihre internationalen Dimensionen eingeschlossen. Unsere Chancen, international beachtete Spitzenleistungen in der Wissenschaft zu erreichen, die zu weltmarktfähigen Erzeugnissen führen, sind um so größer, je zielstrebiger wir durch eine im Rahmen des RGW abgestimmte Wissenschafts-, Technologie- und Wirtschaftspolitik unsere eigene Leistungsfähigkeit auf den ausgewählten Gebieten zu steigern vermögen, und je günstiger sich die Bedingungen für die wissenschaftlich-technische Kooperation im Weltmaßstab gestalten.

In diesem Zusammenhang stellt „das tiefere Eindringen in den Prozeß der revolutionären Erneuerung der Welt unter den Bedingungen friedlicher Koexistenz, der weltweiten Auswirkung der wissenschaftlich-technischen Revolution, der Zuspitzung anderer globaler Fragen und der immer engeren, wechselseitigen Verbindung von nationaler und internationaler Entwicklung“[11] auch die Wissenschaftsforschung vor neue Aufgaben. Wir werden diese Aufgaben noch im einzelnen zu beraten haben. Ich möchte jedoch schon heute ein Angebot für diese Diskussion unterbreiten, das in vier Punkten zusammengefaßt ist.

1. Der mit dem Washingtoner Abkommen zwischen der UdSSR begonnene Einstieg in die nukleare Abrüstung und der dialektische Widerspruch zwischen Friedensfähigkeit und Aggressivität des Imperialismus nötigt zur vorausschauenden Erkundung möglicher Konsequenzen aus dieser Situation für die Wissenschafts- und technologische Strategie des Imperialismus. Hierin eingeschlossen ist die Untersuchung dessen, welche realen Möglichkeiten alternativer Strategien sich für den zeitgenössischen Kapitalismus im Vergleich zu den derzeit dominant rüstungs-

orientierten ergeben, um die wissenschaftlich-technische Revolution zu bewältigen, die sich damit immer zwingender als das Hauptfeld der Auseinandersetzung zwischen den beiden gegensätzlichen Gesellschaftssystemen erweist.

2. Die Möglichkeiten und Anforderungen gilt es zu untersuchen, die sich aus dem Übergang zu einem Klima fortschreitender friedlicher Koexistenz für die Wissenschaft selbst ergeben. Dazu gehören solche Probleme wie

- die möglichen Richtungen des Prioritätenwandels in der Forschung und in der Verteilung des wissenschaftlichen Potentials nach Disziplinen, Institutionen, Funktionen usw. unter den Bedingungen fortschreitender Abrüstung;
- die Ausarbeitung von Szenarien für die Erweiterung des Einsatzes der Wissenschaft zu unmittelbar sozialen und humanen Zwecken in Abhängigkeit von der Verringerung des für militärische Belange aufzuwendenden Anteils am gesellschaftlichen Reichtum;
- die Perspektiven der Abrüstung für die Überwindung des entwicklungsbedingten Niveaugefälles zwischen den nationalen Wissenschaftssystemen der verschiedenen Länder und die Langzeitkonsequenzen dieses Prozesses für die Entwicklung der Weltwissenschaft;
- schließlich erlangt in diesem Zusammenhang das Problem der sozialen Verantwortung des Wissenschaftlers in Geschichte, Gegenwart und Zukunft eine erhöhte politische und theoretische Aktualität.

3. Die Formen, Methoden und Probleme der Wissenschaftskooperation zwischen Sozialismus und Kapitalismus müssen umfassend und vorausschauend untersucht werden. Hierzu gehören solche Probleme wie

- die Planung und Leitung von Vorhaben intersystemarer Wissenschaftskooperation sowie die Wandlungen in Aufgaben und Arbeitsweise der bestehenden Organisationen für internationale wissenschaftliche Zusammenarbeit unter den neuen Bedingungen;
- Technologie, Arbeitsweise und politisch-rechtlicher Status internationaler wissenschaftlicher Informationssysteme;
- Wandlungen des Verhältnisses von Öffentlichkeit und Sekretierung im internationalen wissenschaftlichen Austausch;
- die Dialektik von Auseinandersetzung und konstruktivem Dialog in der Kooperation von Gesellschaftswissenschaftlern mit unterschiedlichen weltanschaulichen und politischen Positionen.

4. Und schließlich gilt es, die historischen Erfahrungen der Wissenschaft für die Gestaltung des Gesamtprozesses der friedlichen Koexistenz aufzuarbeiten und zu nutzen. Dabei könnte eine nicht unwesentliche Rolle spielen, daß der wissenschaftliche Meinungsstreit und die Mechanismen der Durchsetzung und Akzeptanz wissenschaftlicher Erkenntnisse als ein historischer Prototyp der friedlichen Austragung von Interessen und Konflikten angesehen werden können.

III.

Die Genossen Hörnig und Kalweit haben die hohen Erwartungen zum Ausdruck gebracht und die Maßstäbe deutlich gemacht, die heute aus der Sicht der Partei und der Leitung der Akademie der Wissenschaften an die Wissenschaftsforschung gestellt sind. Meinerseits habe ich versucht, einige Aufgaben in Umrissen zu skizzieren, die vor der Wissenschaftsforschung der DDR in Verwirklichung der Beschlüsse des XI. Parteitages und in Auswertung der Rede des Generalsekretärs vor den 1. Kreissekretären stehen.

Mit der Bildung des Rates für marxistisch-leninistische Wissenschaftsforschung haben wir uns ein wirksames Instrument geschaffen, die aus den Parteibeschlüssen resultierenden Aufgaben auf diesem Gebiet der Forschung, Lehre und Ausbildung zu verwirklichen. Die Tätigkeit des Rates soll dazu beitragen, die gesteckten Ziele zu erreichen und die Erhöhung des theoretischen Niveaus und der praktischen Wirksamkeit der Wissenschaftsforschung zu sichern.

Zu den Aufgaben und zur Arbeitsweise des Rates wird gehören, daß er auf der Grundlage der Beschlüsse der Partei konzeptionelle Orientierungen für seinen Verantwortungsbereich erarbeitet und die Umsetzung dieser Orientierungen in der Entwicklung der wissenschaftstheoretischen, wissenschaftshistorischen und wissenschaftsorganisatorischen Forschung fördert.

Auf der ersten Leitungssitzung des Rates, die im April stattfinden soll, gilt es im Sinne des heute Gesagten, den Arbeitsplan des Rates für den Zeitraum 1988/89 zu beraten und zu verabschieden. In ihm ist die erste Arbeitstagung des Rates im Jahre 1988 vorzusehen sowie die rechtzeitige Erarbeitung erster Profillinien der Forschung für den Zeitraum 1990–95. Eine andere vorrangige Aufgabe der Leitung des Rates wird es sein, Vorschläge für die Bildung von Problemräten bzw. Arbeitsgruppen zu erörtern, die dazu dienen sollen, die Tätigkeit des Rates so effektiv wie möglich zu gestalten und auch weitere Wissenschaftler, die auf unserem Gebiet tätig sind, aktiv in die Arbeit des Rates einzubeziehen.

Ich möchte auf der heutigen konstituierenden Tagung des Rates nicht die bekannten Richtlinien zu den Aufgaben und zur Arbeitsweise der wissenschaftlichen Räte auf dem Gebiet der Gesellschaftswissenschaften zitieren. Sie gelten natürlich auch für unseren Rat, und ich gehe davon aus, daß sie den Ratsmitgliedern bekannt sind.

Gestatten Sie mir stattdessen, abschließend noch einige Überlegungen über die Stellung unseres Gebietes im System der gesellschaftswissenschaftlichen Disziplinen und über die spezifischen, unverwechselbaren Aufgaben der Wissenschaftsforschung in Erkenntnis und Praxis anzustellen, aus denen sich ebenfalls Gesichtspunkte für die Tätigkeit des Rates ergeben.

Die erste Überlegung ist folgende:

Die Wissenschaftsforschung in unserem Land hat ohne Zweifel Fortschritte gemacht. Die Forschungen gehen in die Tiefe und Breite, sie diversifizieren sich und werden in der Praxis des Wissenschaftsbetriebes zunehmend als unentbehrlich empfunden. Das wissenschaftliche Leben auf unserem Gebiet ist schon so reichhaltig, daß das Fehlen eines integrierenden Mediums der fachlichen Kommunikation, einer eigenen Zeitschrift, zunehmend als ernsthaftes Hemmnis empfunden wird. Die zahlreichen Manuskriptdruckreihen, die vielerorts erscheinen, können diesen Mangel nicht beheben, sondern machen ihn nur noch spürbarer. Auf der anderen Seite ist aber die theoretische Grundlage unserer Identität als Wissenschaftsgebiet noch ungenügend entwickelt. Das Gleiche gilt für die spezifischen Methoden der Wissenschaftsforschung im Unterschied zu Methoden der ökonomischen, soziologischen oder anderen gesellschaftswissenschaftlichen Forschung.

Mit der Ausprägung der kognitiven und methodischen Eigenständigkeit der Wissenschaftsforschung ist auch die Frage nach der Spezifik ihres sozialen Auftrages verbunden. Es versteht sich, daß sie dazu beitragen muß, die Entwicklung der Wissenschaft und ihrer praktischen Wirksamkeit unter sozialistischen Verhältnissen zu fördern. Aber auf welche Weise und mit welchen Mitteln geschieht dies? Wenn die Wissenschaftsforschung eine organisierte Form der Selbstreflexion der Wissenschaft in unserer Gesellschaft darstellt, dann ist ihr Adressat auch das Gesamtsubjekt der wissenschaftlichen Tätigkeit – der einzelne forschend oder lehrend tätige Wissenschaftler ebenso wie der für die Leitung wissenschaftlicher Kollektive und Einrichtungen Verantwortliche oder die mit der Weiterentwicklung, Konkretisierung und juristischen Umsetzung der Wissenschaftpolitik betrauten Gremien von Partei und Regierung. De facto und zugespitzt gesagt hat sich eine eigenartige Zweiteilung ergeben. Die Ergebnisse der wissenschaftshistorischen Forschung gelten im wesentlichen als Beiträge zur Bewußtseinsbildung, sie sind zu einer individuellen und pragmatisch ungezielten, d. h. nicht auf ganz bestimmte aktuelle Aufgaben ausgerichteten Rezeption bestimmt. Für die Erforschung gegenwärtiger Wissenschaftsprozesse wird hingegen vorwiegend die Ausarbeitung von Leitungsempfehlungen in einer möglichst komprimierten und operational zugespitzten Form als praxiswirksames Resultat angesehen, weitaus weniger die bewußte gesellschaftliche Orientierung des einzelnen Wissenschaftlers. Es steht außer Frage, daß

Wissenschaftsforschung sowohl instrumentale, leitungsbezogene als auch bewußtseinsbildende Ergebnisformen liefern muß. Entscheidend ist aber, daß diese beiden Aspekte ihrer Praxiswirksamkeit gleichmäßig und in engem Bezug aufeinander entwickelt werden müssen, weil sie auf lange Sicht wechselseitig aufeinander angewiesen sind. Dazu darf es keine einseitige Abwertung oder einseitige Bevorzugung bestimmter Ergebnisformen geben, und auch bei der Erforschung gegenwärtiger Wissenschaftsprozesse darf der Gesichtspunkt, unabhängig von jeder spezifischen leitungspraktischen Applikation ein ganzheitliches Selbstbewußtsein der gegenwärtigen Wissenschaft zu formen, nicht in den Hintergrund treten.

Klarheit über die Wirksamkeit der Wissenschaftsforschung auf die Gesamtwissenschaft hängt nicht zuletzt damit zusammen, wie wir die Bedeutung der Wissenschaft für die gesellschaftliche Entwicklung verstehen. Der Sozialismus ist eine Gesellschaft, die sich insgesamt ebenso wie in ihren einzelnen Lebenssphären auf wissenschaftlicher Grundlage entwickelt. Für die Wissenschaft im Sozialismus ist daher eine Vielzahl von Überführungsproblemen ganz unterschiedlichen Charakters zu meistern. Unsere Wissenschaftsforschung hat ihre diesbezügliche Aufmerksamkeit zu Recht auf die Hervorbringung technisch-technologischer Neuerungen konzentriert. Die Veränderungen in den ökonomischen und sozialen Beziehungen, in der Lebensweise usw. dürfen dabei aber nicht lediglich als Realisierungsbedingungen oder „soziale Folgen" erfaßt werden. Dadurch entstünde eine beträchtliche Einseitigkeit im Wissenschaftsbild, die wiederum begrenzend auf das Verständnis der technisch-technologischen Innovationsprozesse selbst zurückwirken würde. Zu den strategischen Kernfragen unseres Gebietes gehört es vordringlich, ein komplexes Bild von der Verbindung der Wissenschaft mit allen Sphären des menschlichen Lebens zu erarbeiten, und es wäre sehr zu wünschen, wenn von unserem Rat starke Impulse in dieser Richtung ausgingen. Es ist durchaus denkbar, daß diese Fragestellung den Schlüssel bietet, um auch die für die eigenständige theoretische Fundierung unseres Gebiets erforderliche Vertiefung und Komplexität des Wissenschaftsbegriffs zu erreichen.

Die zweite Überlegung ist folgende:

Die Landschaft der Wissenschaftsforschung in der DDR weist ein Maß an Reichhaltigkeit und Vielgestaltigkeit auf, das internationale Vergleiche nicht zu scheuen braucht. Wir verfügen sowohl über einige verhältnismäßig große Institutionen, als auch über eine Vielzahl kleiner und mittlerer Potentiale an den verschiedensten wissenschaftlichen Einrichtungen unseres Landes, und zu den professionell tätigen Fachleuten kommt eine nicht unerhebliche Zahl von Natur- und Gesellschaftswissenschaftlern hinzu, die in Verbindung mit ihren fachlichen Haupttätigkeiten zugleich auch in der Wissenschaftsgeschichte und in anderen Gebieten der Wissenschaftsforschung aktiv engagiert sind. Man könnte es auch so ausdrücken, daß die Wissenschaftsforschung ihre Sensoren an den unterschiedlichsten Stellen des Wissenschaftsorganismus der DDR implantiert hat und so die Probleme der Wissenschaftsentwicklung in sehr verschiedenartigen disziplinären und funktionellen Zusammenhängen erfährt und von ihnen berührt wird. Hinzu kommt, daß die Unterschiede in Lebensweg und Denkweise der einzelnen maßgeblichen Vertreter unserer Wissenschaftsforschung diese Mannigfaltigkeit noch potenzieren; dann wird verständlich, daß eine republikweite Heerschau unserer Kräfte ein überaus kompliziertes Bild bieten muß.

Diese Vielfalt bedeutet – recht verstanden und richtig genutzt –, einen unschätzbaren Vorteil: Einmal für den Erkenntnisprozeß der Wissenschaftsforschung, denn ihre Existenz in einer großen Bandbreite unterschiedlicher institutioneller und damit auch intellektueller Kontexte ist gleichbedeutend mit einer entsprechend großen Vielfalt ihrer Erkenntnisquellen, und die extreme Komplexität der Wissenschaft als Untersuchungsgegenstand bedingt, daß die Anzahl der Perspektiven, aus denen sie betrachtet wird, gar nicht groß genug sein kann. Zum anderen bedeutet diese Vielfalt einen Vorteil für ihre befruchtende Wirkung auf den Wissenschaftsbetrieb, denn Mannigfaltigkeit der institutionellen Einbindung bedeutet auch eine hohe Differenziertheit der applikativen Anforderungen, der Typen ihrer für die Gesamtwissenschaft zu erbringenden Leistungen und der Überführungsformen für die Ergebnisse. Wir würden uns selbst schaden, wollten wir etwa dieser Vielfalt mit Skepsis gegenübertreten oder ihr gar mit institutionellen Konzentrations- und Zentralisationsforderungen zu Leibe rücken. Elementare Bedingung dafür, daß die Mannigfaltigkeit fruchtbar bleibt, ist selbstverständlich die Einheit des weltanschaulichen Fundaments und der politischen Orientierung. Dies vorausgesetzt, versteht sich der Rat in keiner Weise als Instrument zur Reduktion von Vielfalt. Vielmehr bestimmen sich seine Aufgaben gerade auf ihrer Grundlage. Damit Vielfalt der Betrachtungsweisen, Forschungsrichtungen, Ansätze und Ideen kein Selbstzweck bleibt, sondern in einer gesunden Entwicklung unseres Gebiets und seiner praktischen Wirksamkeit zu Buche schlägt, damit die Wissenschaftsforschung in der DDR im ganzen (und nicht nur einzelne ihrer Vertreter) auch international an Attraktivität gewinnt, bedarf es in erster Linie des Austausches, der Wechselwirkung der Ideen. Austausch, Wechselwirkung und Integration zu fördern – und zwar ohne jede bürokratische Zentralisation – ist ein wichtiges Anliegen unseres Rates. Dieses Anliegen reicht von der einfachen organisatorischen Absprache bis hin zur theoretischen Orientierung der fachlichen Kommunikation.

Die Vielgestaltigkeit der theoretischen Herangehensweisen auf unserem Gebiet hat aber nicht nur den erwähnten Vorteil, sondern auch ihre Achillesferse. Jedes Kollektiv möchte durch eigene Veranstaltungsreihen seine Ergebnisse und Ideen präsentieren und der kollegialen Kritik stellen. Die Entwicklung dieses begreiflichen Bedürfnisses, ihrem Wesen nach ein erfreulicher Prozeß, hat mit den Jahren, wie wir alle wissen, zu einer paradoxen Situation geführt. Jeder von uns hat ständig eine große Zahl von Einladungen zu Veranstaltungen auf dem Tisch, deren Themen ihn sämtlich interessieren, doch die Begrenzung der Zeit und der Mittel erzwingt eine strikte und oft sehr pragmatische Auswahl. Die Paradoxie besteht darin, daß eine auf die Erweiterung und Intensivierung des wissenschaftlichen Austausches zielende Tendenz so in ein Hemmnis eben dieses Austausches umzuschlagen droht. Wir müssen also einer weiteren extensiven Entwicklung auf diesem Gebiet entgegentreten und mehr Ökonomie in den Kalender der Veranstaltungen von überregionaler Bedeutung bringen – und zwar nicht per Weisung, sondern durch allgemeinen Konsens. Dazu könnte der Rat ein gut geeignetes Instrument sein.

Von solchen elementaren Fragen erstreckt sich die Palette der Koordinierungsprobleme bis hin zu Fragen der konzeptionellen Integration, die in das Zentrum der Entwicklung der theoretischen Basis unseres Gebiets zielen. Die Vielfalt der Sichtweisen und Ansätze birgt auch die Gefahr des Auseinanderdriftens der verschiedenen Sektoren der Wissenschaftsforschung, ihrer Absorption oder Re-Absorption durch Philosophie, Ökonomie, Psychologie, Geschichtswissenschaft usw., wenn sie nicht durch wirksame Integrationsprozesse ergänzt wird. Solche Integrationsprozesse finden zweifellos statt, aber sie sind augenscheinlich nicht tiefgreifend genug. Zumindest haben die letzten Jahre nach verheißungsvollen Anfängen im vorhergehenden Jahrzehnt keine grundlegenden Fortschritte in der Ausarbeitung einer ganzheitlichen theoretischen Basis unseres Gesamtgebietes gebracht, die angesichts der Ganzheitlichkeit unseres Gegenstandes doch im Prinzip möglich sein müßte. Freilich wissen wir nicht, wann die Zeit für eine umfassende und konsistente gesellschaftswissenschaftliche Theorie der Wissenschaft reif sein wird; aber wir wissen, daß die Aufgabe stets auf der Tagesordnung steht, beharrlich danach zu streben und die Wissenschaftsforschung über die Anfänge ihrer disziplinären Selbstbestimmung hinauszuführen. Dazu ist es notwendig, den geistigen Austausch auf unserem Feld verstärkt auf eine konzeptionelle Integration zu lenken.

Wenn wir den Rat als ein Mittel einsetzen, den Bereich unserer Aktivitäten in der DDR besser zu überschauen, dann werden wir mit seiner Hilfe in der Vielfalt und Fülle des Vorhandenen auch leichter Disproportionen und Lücken diagnostizieren und Anstöße geben können, sie auf lange Sicht zu überwinden. Es ist beispielsweise allgemein bekannt, daß in der wissenschaftshistorischen Forschung in der Aufmerksamkeit für die Geschichte der einzelnen Disziplinen große Unterschiede überkommen sind, für die es keine Rechtfertigung gibt. Die verdienstvollen Arbeiten unserer Dresdner Kollegen zur Geschichte der Technikwissenschaften haben hier eine gravierende Lücke geschlossen, doch es bestehen in unserer wissenschaftshistorischen Arbeit noch weitere Defizite, mit denen wir uns nicht auf Dauer abfinden können. Immer dringender wird z. B. auch die Aufarbeitung der Geschichte der Wissenschaft in der DDR und der Geschichte der Wissenschaftspolitik von Partei und Regierung. In der Wissenschaftsforschung haben wir jedoch auch noch Lücken, die weitaus schmerzhafter sind als die unzureichende Aufmerksamkeit für die Geschichte dieser oder jener Disziplin, und die nicht nur den Erkenntnisfortschritt, sondern vor allem auch den praktischen Effekt unserer Arbeit akut hemmen. Eine davon ist das weitgehende Fehlen einer wissenschaftswissenschaftlichen Analyse und wissenschaftstheoretischen Reflexion, die in der industriellen Forschung und Entwicklung von innen her, aus den arbeitenden Kollektiven heraus erfolgt. Die Untersuchungen, die dazu von außen her vorgenommen werden – etwa vom ITW im Zusammenhang mit der begleitenden Erforschung der AdW-Kombinats-Beziehungen –, finden bisher nur in geringem Maße eine Ergänzung durch eine in den Kombinaten und Industriezweigen angesiedelte kontinuierliche wissenschaftstheoretische Selbstreflexion der in den Forschungs- und Überführungsprozessen auftretenden Probleme und der dabei anfallenden Erfahrungen. Eine andere empfindliche Lücke ist darin zu sehen, daß unsere Wissenschaftsforschung generell noch nicht das erforderliche Maß an Komplexität erreicht hat, um das institutionelle Muster der Wissenschaft, die Struktur und Funktion, Genese und Evolution wissenschaftlicher Institutionen, ihre Typologie, ihre Verkettung und Verflechtung zu Netzen usw. systematisch zu untersuchen, obwohl sie natürlich von vielen Seiten her – etwa von Seiten der Potentialforschung – mit dieser Problematik in Berührung kommt. Die Konsequenz dieser Situation ist unter anderem, daß wir bislang nicht in der Lage sind, das Heranreifen der Notwendigkeit zur Gründung oder zur Auflösung bestimmter wissenschaftlicher Institutionen zuverlässig zu diagnostizieren und der Wissenschaftsleitung entsprechende Empfehlungen zu geben. Daher verfügt die institutionelle Dynamik der Wissenschaft bisher nicht über ein spezifisches theoretisches Fundament, auf das sich entsprechende Entscheidungen stützen könnten.

Diese Bemerkungen mache ich ad hoc; sie beruhen nicht auf einer Gesamtbilanz der Wissenschaftsforschung in der DDR. Es wäre aber eine legitime Aufgabe unseres Rates, eine solche Bilanz zu schaffen und ständig zu aktualisieren, damit er in die Lage versetzt wird, langfristige Empfehlungen für die Umgruppierung unserer Kräfte, für den Profilwandel, den Neubeginn oder die Einstellung bestimmter Forschungsrichtungen zu geben, die in der Planung entsprechend den realen Möglichkeiten berücksichtigt werden können.

Dritte und letzte Überlegung.

Zu den wichtigsten konstitutiven Prinzipien unseres Rates gehört, daß in ihm Vertreter der Wissenschaftsgeschichte mit Vertretern solcher Forschungsrichtungen zusammenarbeiten, die sich vorwiegend mit der Untersuchung gegenwärtiger Wissenschaftsprozesse befassen. Diese beiden Gruppen von Spezialisten reden längst nicht mehr zwei verschiedene Sprachen; wir setzen hier einen seit langem erfolgreich in Gang gekommenen Integrationsprozeß fort. Die Integration beider Flügel unserer Wissenschaftsforschung erheischt immer von neuem Aufmerksamkeit, denn ihr gegenständlicher und methodischer Unterschied besteht notwendigerweise fort und darf auf keinen Fall wegnivelliert werden, und ihre Integration ist sinnvoll und fruchtbar nur unter sorgfältiger Respektierung dieser Differenz. Was im gegenwärtigen Wissenschaftsprozeß geschieht und analytisch erfaßt werden kann, ist immer die Realisierung bestimmter in der Vergangenheit geschaffener Möglichkeiten und zugleich die Nichtrealisierung, die Blockierung anderer. Dieser Zusammenhang ist für das Begreifen der Wissenschaftsgegenwart grundlegend, und dieses Begreifen ist hier wesentlicher an die Kenntnis der historischen Dimension des Untersuchungsgegenstandes gebunden als in vielen anderen Bereichen gesellschaftswissenschaftlicher Forschung. Umgekehrt muß der Wissenschaftshistoriker zumindest im Überblick die Probleme des gegenwärtigen Wissenschaftsbetriebs und seiner Leitung kennen, weil ihm nur diese Kenntnis ein

Gefühl dafür geben kann, welche Züge aus dem unerschöpflichen Reichtum der Wissenschaftsgeschichte für die heutige Wissenschaft vorrangig erschlossen werden müssen. Deshalb sind die Erforschung historischer Verläufe und die Untersuchung gegenwärtiger Prozesse grundsätzlich aufeinander angewiesen, auch wenn diese widersprüchliche Kopplung nicht bei jedem einzelnen Forschungsvorhaben in Erscheinung treten muß.

Unter dem Aspekt dieses Zusammenhangs vor allem soll die Wissenschaftsgeschichte in der Tätigkeit des Rates Beachtung finden. Die vielen spezifischen Probleme der inneren Koordinierung der wissenschaftshistorischen Arbeit und ihrer zahlreichen Fachgebiete bleiben nach wie vor in der Kompetenz des Beirates für Wissenschaftsgeschichte beim MHF, in dem auch die AdW vertreten ist und der sich durch sein erfolgreiches Wirken als geeignetes Gremium für diesen Fragenkomplex bewährt hat. Hier kommt es auf eine vernünftige Arbeitsteilung an. Keineswegs soll es dahin kommen, daß der Rat für Wissenschaftsforschung Aufgaben des Beirates für Wissenschaftsgeschichte an sich zieht. Die Mitgliedschaft unseres Kollegen Prof. Hans Wußing, der an der Spitze des Beirates steht, in unserem Gremium bietet die Gewähr dafür, daß unnütze Doppelarbeit vermieden und ein fruchtbares Zusammenwirken bei effektiver Funktionsteilung erreicht wird.

Doch mit dem Prinzip, die Erforschung des Gegenwärtigen und die Erforschung des Vergangenen wechselseitig aufeinander zu beziehen, ist unser Ziel nur zur Hälfte angesprochen. Selbstverständlich bedeutet es schon viel, wenn es eine stabile gegenseitige Kenntnisnahme dieser beiden Gruppen von Forschungen gibt und der einzelne Wissenschaftler die Kenntnis der jeweils anderen Seite als Hintergrundwissen auf die Abwicklung seiner eigenen Forschungen einwirken läßt. Die zuverlässigste Brücke, die Vergangenheit und Gegenwart verbindet und dabei zum Vorausdenken in die Zukunft befähigt, ist die Theorie. Es ist undenkbar, daß eine einigermaßen entfaltete Theorie der Wissenschaft sich allein auf ihren gegenwärtigen Zustand bezieht oder umgekehrt nur ihr vergangenes Werden erklärt, ohne auch für die Gegenwart zu gelten. Daher muß jeder Versuch einer solchen Theorie das Wissen von der Geschichte der Wissenschaft und das Wissen von ihrer Gegenwart synthetisieren. Da auch die theoretische Arbeit aufgrund ihrer Spezifik und ihres breiten philosophischen Fundaments eine starke Eigenständigkeit hat und sowohl von den wissenschaftshistorischen Untersuchungen als auch von den konkreten Analysen der gegenwärtigen Wissenschaft relativ abgehoben ist, handelt es sich letztlich darum, *drei* Gruppen von Forschungen in eine dauerhafte, produktive Wechselwirkung zu bringen.

Die Theorie der Wissenschaftsentwicklung als einer sich entwickelnden Ganzheit kommt bisher – ungeachtet aller vorliegenden Ansätze – nur sehr zögernd voran. Möglicherweise liegt das unter anderem auch daran, daß die Untersuchung der Vergangenheit der Wissenschaft und die Erforschung ihrer Gegenwart trotz aller Fortschritte in ihren Wechselbeziehungen einander immer noch nicht so nahe gekommen sind, daß aus ihrer Reibung aneinander der Funke der Theorie entspringen könnte. Daher sollte der Rat mit Nachdruck darauf bedacht sein, diesen Integrationsprozeß zu fördern, und den Fortgang der spezifischen Theoriebildung auf unserem Gebiet (und nicht nur der mehr oder minder kritischen und methodisch bewußten Übernahme theoretischer Schemata aus Nachbardisziplinen) aufmerksam verfolgen, damit diese wichtige Seite unserer Arbeit mit der sich rasch verbreiternden Front der empirischen Forschungen mindestens Schritt hält.

*

John Desmond Bernal, dessen 1939 erschienenes Buch „Die soziale Funktion der Wissenschaft" als das theoretische Geburtsdokument der Wissenschaftsforschung angesehen werden kann, schrieb 25 Jahre später – 1964 –, d. h. zu einer Zeit, als die Wissenschaftsforschung in den sozialistischen Ländern sich gerade zu institutionalisieren begann und auch in westlichen Ländern sich einzelne Wissenschaftler der Wissenschaft als Objekt wissenschaftlicher Forschung zuwandten: „Die Wissenschaft von der Wissenschaft bzw. die Tatsache, daß die Wissenschaft sich ihrer selbst bewußt wurde, ... ist der wahrhaft sensationelle Fortschritt der zweiten Hälfte unseres Jahrhunderts. Diese Wissenschaft von der Wissenschaft muß sehr umfassend sein: Sie muß sowohl die gesellschaftlichen und ökonomischen als auch die materiellen und technischen Bedingungen für den wissenschaftlichen Fortschritt und für den richtigen Einsatz seines Instrumentariums zum Inhalt haben."[12] Es ist sicher noch zu früh, um wirklich beurteilen zu können, ob die Wissenschaft von der Wissenschaft „der wahrhaft sensationelle Fortschritt der zweiten Hälfte unseres Jahrhunderts" sein wird. Unbestreitbar aber ist, was Bernal über die Art und Weise sagte, wie dieses Gebiet betrieben werden sollte: „So wenig eine Analyse des Fluges eines Pfeiles uns genügend Daten liefert, um die Gesetze der Physik, wie sie heute sind, ableiten zu können, so wenig reicht eine eingeschränkte, im Lehnstuhl gewonnene Erfahrung über das Funktionieren der Wissenschaft aus, um eine Wissenschaft von der Wissenschaft aufzubauen ... Die Wissenschaft von der Wissenschaft darf nicht aus der Luft gegriffen, sie muß in mühevoller Kleinarbeit auf dem Marktplatz gesucht oder ausgegraben werden."[13] Unterziehen wir uns dieser mühevollen Kleinarbeit, tun wir dies aber stets mit dem Blick auf die großen gesellschaftlichen und humanistischen Ziele und sozialistischen Werte, zu deren Verwirklichung auch die marxistisch-leninistische Wissenschaftsforschung angetreten ist.

Anmerkungen

1 Die weitere Entwicklung der marxistisch-leninistischen Gesellschaftswissenschaften in der DDR. In: Einheit, 12/1968, S. 1460.
2 K. Hager, Sozialismus und wissenschaftlich-technische Revolution. Berlin 1972, S. 57.
3 Vgl.: H. J. Böhme, Erbeaneignung und Traditionspflege in der Wissenschaft. In: Das Hochschulwesen, 8/1986, S. 187–191.
4 Vgl.: G. Harig, Zur Einführung. In: Naturwissenschaft – Tradition – Fortschritt. Beiheft zu NTM. Berlin 1963. S. VIII.
5 Vgl.: G. Kröber, Stand und Positionen der wissenschaftshistorischen Forschung und Lehre in der DDR. In: Carl-WilhelmScheele-Ehrung 1986. Materialien der bilateralen wissenschaftshistorischen Tagung der Akademie der Wissenschaften der DDR und der Königlich-Schwedischen Akademie der Wissenschaften vom 23. bis 26. September 1986 in Stralsund. ITW-Kolloquien. H. 62/1987. S. 141–147.
6 E. Honecker, Mit dem Volk und für das Volk realisieren wir die Generallinie unserer Partei zum Wohle der Menschen. In: Neues Deutschland vom 13./14. 2. 1988, S. 4.
7 Vgl. ebenda, S. 4, 8.
8 Vgl. ebenda, S. 8.
9 Ebenda, S. 8.
10 Ebenda, S. 8.
11 Ebenda, S. 8.
12 J. D. Bernal, Fünfundzwanzig Jahre später. In: J. D. Bernal: Die soziale Funktion der Wissenschaft. Berlin 1986, S. 8.
13 J. D. Bernal, A. L. Mackay, Auf dem Wege zu einer Wissenschaft von der Wissenschaft. In: J. D. Bernal: Die soziale Funktion der Wissenschaft, a. a. O. S. 460.

Rat für marxistisch-leninistische Wissenschaftsforschung

Leitung:

Vorsitzender:

Prof. Dr. G. Kröber	ITW der AdW der DDR

Stellvertreter des Vorsitzenden:

Prof. Dr. R. Mocek	Martin-Luther-Universität Halle
Prof. Dr. D. Schulze	Humboldt-Universität zu Berlin

Sekretär:

Dr. Th. Rüsch	ITW der AdW der DDR

Weitere Mitglieder der Leitung:

Prof. Dr. H. Hörz	ZI für Philosophie der AdW der DDR
Prof. Dr. K.-H. Strech	ITW der AdW der DDR
Prof. Dr. H. Wendt	TU „Otto v. Guericke" Magdeburg
Prof. Dr. H. Wußing	Karl-Marx-Universität Leipzig

Mitglieder:

Prof. Dr. A. Bauer	TU Dresden
Prof. Dr. W. Draeger	Parteihochschule „Karl Marx" beim ZK der SED
Prof. Dr. W. Ebeling	Humboldt-Universität zu Berlin
Prof. Dr. A. Erck	TH Ilmenau
Prof. Dr. E. Fabian	Ernst-Moritz-Arndt-Universität Greifswald
Prof. Dr. H. Flach	Akademie der pädagogischen Wissenschaften der DDR
Dr. D. Friedrichs	Ministerium für Hoch- und Fachschulwesen
Prof. Dr. R. Gericke	ZI für sozialistische Wirtschaftsführung beim ZK der SED
Dr. J. Grapentin	Forschungsstelle des Ministeriums für Wissenschaft und Technik
Prof. Dr. M. Guntau	Wilhelm-Pieck-Universität Rostock
Prof. Dr. T. Hager	Humboldt-Universität zu Berlin
Prof. Dr. T. Hahn	Institut für Soziologie und Sozialpolitik der AdW der DDR
Dr. G. Heine	VEB Werk für Fernsehelektronik Berlin
Prof. Dr. E. Jobst	TU Karl-Marx-Stadt
Prof. Dr. M. Krause	Zentrum für gesellschaftswissenschaftliche Information der AdW der DDR
Prof. Dr. K. Krug	TH „Carl Schorlemmer" Leuna-Merseburg
Dr. H.-P. Krüger	ITW der AdW der DDR
Prof. Dr. H. Laitko	ITW der AdW der DDR
Prof. Dr. W. Meske	ITW der AdW der DDR

Prof. Dr. M. Peschel	Zentrum für wissenschaftlichen Gerätebau der AdW der DDR
Dr. H. Poldrack	Martin-Luther-Universität Halle
Dr. K. Puls	Humboldt-Universität zu Berlin
Dr. G.-R. Radtke	Akademie für Gesellschaftswissenschaften beim ZK der SED
Prof. Dr. R. Reichel	Hochschule für Ökonomie „Bruno Leuschner" Berlin
Prof. Dr. F. Richter	Bergakademie Freiberg
Prof. Dr. U. Röseberg	ZI für Philosophie der AdW der DDR
H.-J. Schäfer	Forschungszentrum des Kombinates VEB Carl Zeiss Jena
Prof. Dr. H.-J. Schulz	ZI für Hochschulbildung Berlin
Prof. Dr. R. Sonnemann	TU Dresden
Prof. Dr. K. Steinitz	ZI für Wirtschaftswissenschaften der AdW der DDR
Prof. Dr. R. Stolz	Friedrich-Schiller-Universität Jena
Prof. Dr. G. Wangermann	Präsidium der AdW der DDR
Prof. Dr. K.-F. Wessel	Humboldt-Universität zu Berlin
Prof. Dr. M. Wölfling	ITW der AdW der DDR

Kolibri 360 GmbH
Ferdinand-Jühlke-Straße 7
99095 Erfurt, Deutschland
produktsicherheit@kolibri360.de